住房城乡建设部土建类学科专业"十三五"规划教材

全国住房和城乡建设职业教育教学指导委员会规划推荐教材

现代木结构建筑施工

（第二版）

（土建类专业适用）

高职土建施工类专业指导委员会
加 拿 大 木 业 协 会　组织编写

中国建筑工业出版社

图书在版编目(CIP)数据

现代木结构建筑施工/高职土建施工类专业指导委员会组织
编写. —2版. —北京：中国建筑工业出版社，2019.8（2024.6重印）
住房城乡建设部土建类学科专业"十三五"规划教材全国
住房和城乡建设职业教育教学指导委员会规划推荐教材
ISBN 978-7-112-23779-1

Ⅰ. ①现… Ⅱ. ①高… Ⅲ. ①木结构-建筑施工-高等
职业教育-教材 Ⅳ. ①TU759.1

中国版本图书馆 CIP 数据核字(2019)第 099430 号

本教材主要讲解现代木结构建筑施工技术，融入了木结构建筑文化、工作程序、组织策划、结构和构件体系概念等内容，并符合国内标准、规范的要求。本教材适用于土建施工类及其他相关专业的现代木结构课程教学，也可以作为现代木结构建筑技术培训教材及有关技术人员的参考用书。

如需课件请发邮件至 jgzykj@cabp.com.cn 索取。

* * *

责任编辑：朱首明 李 阳
责任校对：王 瑞

住房城乡建设部土建类学科专业"十三五"规划教材
全国住房和城乡建设职业教育教学指导委员会规划推荐教材

现代木结构建筑施工（第二版）

（土建类专业适用）

高职土建施工类专业指导委员会
加 拿 大 木 业 协 会　组织编写

*

中国建筑工业出版社出版、发行（北京海淀三里河路9号）
各地新华书店、建筑书店经销
北京红光制版公司制版
建工社（河北）印刷有限公司印刷

*

开本：787×1092毫米　1/16　印张：12¼　字数：280千字
2019年8月第二版　　2024年6月第五次印刷
定价：**29.00**元（赠课件）
ISBN 978-7-112-23779-1
（34037）

第二版前言

全国高职高专土建类专业教学指导委员会规划推荐教材《现代木结构建筑施工》自 2015 年 6 月出版以来，在住房城乡建设部与加拿大联邦政府自然资源部"中国现代木结构建筑技术项目"的试点院校及开设相关专业的中高职院校的教学中发挥了积极的辅助、支撑作用，并在岗位与员工培训中得到了广泛应用。由于该教材是由加拿大木结构建筑专家编写，国内专家将原版教材结合我国现行规范、标准及专业教学特点进行再加工完成的，具有框架合理、内容新颖、图文并茂、应用性强的特点，尤其适应当前我国推进装配式建筑技术的要求。自面世以来得到了应用师生和社会人士普遍好评。

按照第一版的编写计划，并结合使用院校教育培训的需求，本次修订对教材的内容进行了优化和增加，并融入了信息化教学资源。修订的主要方面：一是对前七个教学单元的内容进行了进一步的精炼和优化，使之与院校的教学目标与教学空间更紧密地适应；二是增加了防水与外维护系统教学单元，涵盖的内容包括屋顶防水、露台防水、门窗洞口防水以及外围护系统的施工，使教材的内容更加完整；三是加设与核心知识技能点紧密结合的信息化教学资源，并用二维码的方式存储和提取，使教材实现了信息化、立体化、便利化，有效地拓展了教材的内涵，更加有利于教与学。

本次修订增加的"防水与外维护系统教学单元"由加拿大亚岗昆（Algonquin）大学土木工程专业教授 Michael Nauth 先生和加拿大木业协会技术推广经理杨懿煜及加拿大木业培训讲师吴春编写。中方专家赵研教授、张琨副教授、齐小燕高级工程师、颜晓荣研究员级高工、侯洪涛教授对第一版教材及加方提供的新增加内容，结合中国规范、标准和教学需要进行了细致的审核、优化、规范、调整和再加工。加拿大木业协会的有关人士承担了教材的翻译工作。

本次修订是在广泛收集读者意见的基础上实施的，期间得到了有关院校、企业的热心指导和支持，承担本书编辑及加工的同志也付出了辛勤的劳动，在此一并感谢。

今后我们还将密切关注木结构建筑技术的发展和读者的反馈，适时对教材再做修订，使之常用常新。由于教材编写队伍结构的特殊性，同时还可能存在翻译过程中信息传递的缺失，书中难免有错误和缺陷，恳请广大读者随时批评指正。

前　言

　　《现代木结构建筑施工》是由加拿大木业协会和全国高职高专土建类专业教学指导委员会土建施工类专业分委员会共同策划、由加拿大木业协会提供教材文稿，高职土建施工类专业分委员会有关专家和高职院校教师结合我国建设类职业院校人才培养特色、专业及岗位需求、国家有关标准规范以及专业术语的定义，对教材内容进行了规范、扩充、调整和审核。本教材适用于建设类职业院校土建施工类及其他相关专业的现代木结构课程教学，也可以作为现代木结构建筑技术培训教材及有关技术人员的参考用书。

　　中国木结构建筑应用历史悠久，积淀了丰厚的技术和艺术财富，为世界建筑的发展作出了不可替代的贡献。长期以来，现代木结构建筑在欧美国家普遍应用，加拿大在其中处于领先地位，建造技术、材料处理、构件加工能力、设备配置和防灾性能日益成熟，舒适程度不断提高，应用领域逐步扩大。现代木结构建筑已经成为世界建筑大家庭不可或缺的组成部分，并为绿色、低碳、环保、可持续建筑技术的发展作出了积极的探索和突出的贡献。

　　在职业院校土建类专业引入现代木结构技术，既是我国住房和城乡建设部与加拿大联邦政府自然资源部及加拿大卑诗省政府签订的《关于采用现代木结构建筑技术应对气候变化的谅解备忘录》中合作内容的组成部分，也是"中国现代木结构建筑技术项目"联合工作小组近年来十分关注、大力推进的核心工作之一。本教材的编写可以为推进现代木结构技术课程的开展提供可信的教学辅助工具，并为专业建设和课程建设提供教学资源。在职业院校土建类专业学生中开展现代木结构技术的培训，在课程体系中增加现代木结构技术的课程，可以在三个方面有所收获：一是为企业培养适应木结构建筑设计、施工和构件制作需要的基层技术、管理和操作人员，更好地为行业、企业服务；二是通过现代木结构培训与课程的载体，开阔眼界，更新观念、直观地学习和借鉴加拿大木结构技术培训及职业课程的理念、模式和方法，有利于培养一支适应我国职业教育发展需要的"双师素质"教师团队；三是充分发挥木结构建筑构件之间功能分工明确、传承体系完善、力学性能清晰的特点，有利于学生及早建立关于结构的体系概念，养成专业学习和从事工作所必需的工程技术素养。

　　本教材以实用的现代木结构建筑施工技术为主要内容，融入了木结构建筑文化、工作程序和组织策划、结构和构件体系概念的内容。内容精炼、重点突出；文字简洁、明确；图片数量多且作用明确；既突出了建筑施工实施方法的核心地位，又具有较好的工具色彩。为了方便学生自学，本教材在每个单元之后均附有复习题。

本教材主要介绍了加拿大现代轻型木结构建筑主体施工的相关内容，随着院校教学和培训的进展，将在今后的修订、再版过程中适时增加防水、装饰、围护结构施工的内容。

本教材由加拿大亚岗昆（Algonquin）大学土木工程专业教授 Michael Nauth 先生和加拿大木业协会市场发展总监梁超女士编写，加拿大木业协会技术专家 Kerry Haggkvist 先生进行了审核。为了使本教材能够与我国有关标准规范要求相互协调，使教材的内容更加适应我国职业院校土建类专业的培训与教学的需求，有关专业术语和指标容易为师生领会。按照事先制定的工作计划，高职土建施工类专业分委员会组织有关专家和高职院校教师：赵研教授、颜晓荣研究员级高级工程师、张琨副教授、侯洪涛教授、齐小燕高级工程师对加方提供的教材文本进行了规范、扩充、调整和审核。加拿大木业协会有关人士承担了教材的翻译工作。

本教材在中文版加工过程中得到了有关院校、企业及参与者所在单位的积极指导和大力支持，承担本书编辑及制作的同志也付出了辛苦的劳动，在此一并致谢。

由于编者队伍的特殊性，加之翻译过程中可能存在信息传递方面的偏差，书中难免有错误和缺陷，希望使用本书的师生及其他读者批评指正，以便适时修改。

教学单元1

概　述

1.1-现代轻型
木结构简介

轻型木结构房屋是用规格材及木基结构板或石膏板制作的木材架墙体、楼板和屋盖系统构成的单层或多层建筑，通常适用于3层及3层以下的民用建筑。

1.1 轻型木结构建筑的特点

1. 结构体系完整、性能可靠

轻型木结构墙体、屋盖和楼盖等构件之间具有可靠的连接，能够承受和传递竖向和水平荷载。由于构件的共同作用和复合作用性能突出，所以轻型木结构具有相当高的强度和刚度。轻型木结构构件的共同作用为荷载的传递提供了多种途径，构件的复合作用是指当覆面板和木框架连接在一起时，两者能共同承受和传递作用于结构上的荷载。轻型木结构中木质材料受力时表现出一定的柔性，加之材料自重轻，故有很好的抗震性能。屋盖覆面板作为建筑物的围护结构的同时，也具有增加建筑整体刚度的作用，在覆面板上可安装外装修材料，有利于形成有效的围护体系，可以防止空气泄漏并提高节能水平。

木结构框架不仅为保温材料的填充提供了空间，也为在其表面铺设气密层、防潮层及内装修材料提供了牢固的平面。保温材料在空腔中具有双重功能：防止空气泄漏和保温节能，由此可大大降低建筑的能耗成本，同时提高舒适度。

2. 低碳节能

木材产品在生产过程中消耗的能量远低于混凝土和钢材，因此木结构建筑要比混凝土和钢结构建筑更加节约能源。

树木可以通过光合作用吸纳空气中的二氧化碳。轻型木结构房屋可以吸收大气中相当于自身质量（不包括水分）1.66倍的二氧化碳。在这一过程中，树木释放氧气，吸收的碳转化为木材结构的一部分，占到了树木总质量的一半以上（不包括水分）。碳随木材产品存储下来，周期可能长达几个世纪。从全球来看，每年树木吸收大量二氧化碳，减缓了全球气候变暖和部分地区气候发生变化的速度，对保持良好的自然生态具有积极意义。更重要的是，作为建筑材料，木材产品是唯一可再生的资源。合理地开发利用木材资源，对林业的可持续发展，采伐后的后续工作（包括次生林开发和新林地的种植）均有积极意义。

3. 可预制

轻型木结构房屋可以在工厂或施工现场进行不同程度的预制加工，如：桁架、橱柜和楼梯等均可以在车间里完成。从整个建筑来讲，主体结构中的墙体、楼板及其他可以模块化生产的部分，均可在工厂化环境中生产装配，然后运到工地搭建、拼装，适于采用装配式施工。

4. 结构尺寸多样

不论独栋还是多户住宅，或者商用、公用建筑，如：学校、诊所、仓库、托儿所、体育场馆以及其他休闲娱乐用建筑，轻型木结构的造价均有竞争力（图 1-1）。通过使用屋盖桁架和工程木产品而非规格材，还可建造跨度较大的建筑物。对中低人口密度地区，以及市郊、农村地区和小城镇，木结构建筑还可建到 6 层（加拿大规范标准），满足此类地区的住房需求（图 1-2）。也可以通过与混凝土结构相结合形成混合型结构，使应用领域和空间变化更加灵活。

图 1-1 展览馆

图 1-2 施工中的多层住宅

5. 适应性和耐久性强

在合理设计，合理选材，合理施工的保证下，轻型木结构房屋可以在各种环境下使用，并具有优良的耐久性。轻型木结构房屋可以有各种不同的内、外装修风格（图 1-3）。

图 1-3　木结构独立住宅

6. 设计灵活

　　轻型木结构的建筑和结构设计几乎可满足各种情况的要求。这种设计上的灵活性，在处理各种对建筑物外观上的要求时，更显优势（图 1-4）。

图 1-4　体育馆雨篷

7. 产品丰富

　　用于建造轻型木结构房屋的产品和建筑材料，一般都便于运输，而且过程比较简单、快捷。由于木材的重量轻、结构紧凑，运输时可以节省空间和运力。

8. 作业方便

　　木结构产品质量较轻，在施工现场搬运方便，且只要覆盖上保护材料即可放置于室外储存。另外，作为建筑材料的木材也易于切割、紧固和连接。与传统建筑材料和结构相比，木材具有的弹性特点能在发生地震时更好地抵抗非线性荷载的冲击。

9. 容易改建

　　轻型木结构建筑材料和构件便于加工和装配，特别适合在施工过程中进行调整、改造。另外，轻型木结构构件的替换性能强，易于更新升级。往往只要很小的代价，就可大大提高其节能性能。

10. 综合性价比高

在北美、日本和英国，轻型木结构房屋和其他建筑相比，是一种更为经济的建筑结构。国内最近研究表明，轻型木结构建筑在许多情况下比混凝土建筑具有更好的综合优势，如：自重轻、结构占用面积小、舒适性好、节能等。

1.2　传统中国木结构建筑简介

自古以来，中国大多数地域都采用木结构建筑，其应用领域涉及宫殿、坛庙、陵墓、官署和民居，与社会活动和人民生活结合紧密，为世界建筑技术与文化的发展作出了突出贡献。

1.2.1　历史悠久、应用广泛

中国应用木结构的历史十分久远，在浙江余姚河姆渡村发现的建筑遗址可以追溯到距今 6000～7000 年前，该建筑当时已经采用了榫卯结构，并应用了包括柱、梁、枋、板等木构件，初步具备了木结构建筑的基本要素和一定的技术水平。进入封建社会以后，中国的古建筑建造技术得到了迅猛的发展，功能更加完备、规模不断扩大、形式多种多样，艺术含量也不断提升，展示了极高的艺术及工程水平。

太和殿是北京故宫的核心建筑，是明清两代皇家举行大型政治、礼仪活动的场所。它面阔 11 间，进深 5 间，建筑面积 2377.00m²，高 26.92m，连同台基通高 35.05m，为紫禁城内规模最大的殿宇。其上为重檐庑殿顶，檐下施以密集的斗栱，室内外梁枋上饰以和玺彩画，是中国现存体量最大的古代木结构建筑（图 1-5）。

图 1-5　北京故宫太和殿

山西省应县佛宫寺内的释迦塔，又称应县木塔，建于辽代清宁二年（公元 1056 年），是中国现存最高、年代最久的一座木结构塔式建筑，也是中国现存唯一一座木结构楼阁式塔。木塔建造在 4m 高的石砌台基上，塔高 67.31m，底层直径 30.27m，呈平面八角形。整个木塔共用红松木料 3000m³，重约 2600t。历经多次战乱及地震，至今仍完好无损（图 1-6）。

图 1-6　山西应县木塔

木结构还广泛应用于寺庙、民居、园林及商业建筑（图 1-7～图 1-10），形式多种多样。

图 1-7　寺庙

图 1-8　民居

图 1-9　园林建筑

图 1-10　商铺

1.2.2 体系完备、艺术含量高、使用舒适

中国古代木结构普遍采用榫卯结构，主要有穿斗式和抬梁式两种体系，在此基础上还产生了一些变体，在部分地区也有应用。

1. 穿斗式木结构

穿斗式木结构（图 1-11）采用木制穿枋把同一进深的柱子串联起来，形成一榀榀的骨架。檩条搁置在柱子的顶端，然后用沿檩条方向布置的斗枋把柱子串联起来 最终形成一个整体框架。这种结构形式所用木材断面较小，整体性强，显得比较轻巧，但柱子数量较多，而且排列较密，不易形成大的室内空间，多在南方地区用于民居等建筑。

图 1-11 穿斗式木结构

2. 抬梁式木结构

抬梁式木结构（图 1-12）是在柱子上搁置梁头，梁上搁置檩条，然后再在其上搁置矮柱支起短一些的梁，如此逐层向上叠加。一般梁的数量可达 3～5 根。为了让屋檐向外悬挑，通常要设置斗栱（图 1-13），此时梁头就搁置在斗栱上。抬梁式木结构所用的木材断面较大，梁跨较大，能够形成宽敞的室内空间，多用于宫殿、寺庙等规模较大的建筑。

中国古代木结构建筑十分重视体系化，由北宋李诫编写的《营造法式》是中国第一部详细论述建筑工程做法的官方著作，本书对于古建筑研究，唐宋建筑的发展，考察宋及以后的建筑形制、工程装修做法、当时的施工组织管理等具有无可估量的作用。书中规范了各种建筑做法，详细规定了各种建筑施工设计、用料、结构、比例等方面的要求。

中国古代木结构建筑对空间的构成也非常考究，注意利用自然条件解决应用中的问题，图 1-14 是古代某木结构民居的通风屋顶，它利用热压透风的原理实现了调节温度的目的。

中国古建筑还在建筑细部处理方面有很深的造诣，通过彩画（图 1-15）、藻井（图 1-16）等对建筑重点部位进行美化，有些装饰做法既有装饰作用，又有构造功能（图 1-17）。

图 1-12 抬梁式木结构

图 1-13 斗栱

长期以来，受木材资源短缺及技术水平的限制，传统的木结构基本退出了中国的建筑市场，仅在某些地方的民居（图 1-18）、古建筑修复或仿制工程中应用（图 1-19）。

近年来，随着木材资源的逐渐恢复，木材深加工技术水平的不断提升，建造技术和设备的日益更新，绿色环保意识的不断增强，人们对木结构建筑的认识也有了新的变化。现代木结构建筑越来越多地出现在国内的建筑市场，并逐渐摆脱"高、大、上"的形象，与社会生活的结合更加紧密，已经列入我国推广装配式建筑的三个体系中，必将成为我国建筑应用领域新的增长点。

图 1-14　通风屋顶

图 1-15　彩画

图 1-16　藻井

图 1-17 屋面檐口瓦的固定

图 1-18 藏族民居

图 1-19 仿古建筑施工

教学单元2

材　料

2.1 树 与 木 材

木结构建筑的结构构件材料主要为木材。木材是一种可再生资源，它易于采伐、切割、成型、储存及运输。然而木材有易于腐烂及可燃烧的特性，因此必须采取措施对结构构件进行保护，以避免其受到过多水分和过高温度的影响，确保建筑的使用安全。

地球的绝大多数地区均生长有树木，因此木材的来源十分广泛，种类也多。不同的树种具有各自的特性，这些特性会因树种及树木生长地区的气候条件不同而有所区别。

2.1.1 树木的种类

广义上来讲，树木可分为两类：软木树与硬木树（图 2-1）。

(*a*) (*b*)

图 2-1 树木

(*a*) 软木树；(*b*) 硬木树

1. 软木树

软木树的树叶在冬季不凋落，也称常青树。由于其树叶为针形，种子藏于球果中，因此也称作针叶树（图 2-2）。软木树大都生长在季节分明的凉爽气候地区。

2. 硬木树

硬木树的树叶为阔叶，叶子在冬季凋落，因此也称其为阔叶树。这类树木生长在全球大多数地区，只在极寒气候地区不生长。

图 2-2 软木树的种子

2.1.2 原木

砍伐后的树木除去树皮、树枝和树梢的树干称为原木，原木可以再被切割成各种截面尺寸的锯材。树龄也会影响材料的特性。不同树种的特性见表 2-1。

不同树种的特性　　　　　　　表 2-1

树种	颜色	纹理	硬度	强度	用途
云杉	奶油色/褐色	中密纹理	中	中	框架、胶合板
松树	奶油色/白色	细密纹理	软	低	木制品、线条
冷杉	黄色/棕色	粗疏纹理	中硬	高	框架、胶合板
柏树	深红色/棕色	中密纹理	软	低	阳台、花架
橡树	浅棕色	粗疏纹理	硬	高	地板、桌台
枫树	浅褐色	中密纹理	硬	高	家具、地板
柚木	蜂蜜色	中疏纹理	中	高	室外家具
胡桃木	深棕色	细疏纹理	中	高	室内家具
白杨	黄色/绿色	细密纹理	中软	中低	胶合木、定向刨花板
桃花心木	红棕色	细疏纹理	中	中	室内家具
柳桉木	浅棕色	中疏纹理	软	低	镶板、饰面

2.1.3 锯材

锯材是指由原木锯制而成的具有特定截面尺寸与长度的成品材或半成品材。软木锯材取自于软木树，硬木锯材取自于硬木树。但是不可因其名字而一概而论，因为并不是所有软木锯材的质地都很柔软，也不是所有的硬木锯材质地都很坚硬，而且这两类树木都包含疏纹材和密纹材。例如：云杉是一种疏纹、质地柔软的软木；而美洲落叶松是一种密纹、质地坚硬的软木。同理，枫树是一种密纹、质地坚硬的硬木；而柳桉木是一种疏纹、质地柔软的硬木。

2.2 木材的含水率、保管与切割

原木在锯木厂去皮后先切割成等厚但不等宽的板材，随后再切割成特定截面尺寸的板材，这些板材称为毛板。毛板被切割好之后，就需要通过视觉或激光对其分级。具体来说，就是根据材料的强度和外观进行等级区分。检验内容包括锯材表面的节疤（树枝）的数量与大小、变色位置、虫孔、腐朽以及其他缺陷情况。建筑结构用针叶木锯材的常规等级包括优选结构级（SS）、一级（NO.1）与二级（NO.2）。分级后的锯材应根据不同的截面尺寸与长度来进行堆放。

2.1-规格材分等及分级印章

加拿大的每一家锯木厂都有其专属的标识编号。根据加拿大木材分等定级管理委员会（NL-GA）的分级标准，由专门的定级管理机构对锯木厂加工的锯材进行分级（图2-3）。锯材可以用垫木或木条（9mm）隔开堆放，以使其自然风干（S-DRY）或送入窑炉进行窑

图 2-3 加拿大规格材的分级印章

干（KD）。对毛板进行干燥处理可以减少真菌产生的可能性，同时减少干燥过程中出现的收缩或翘曲等问题。结构用锯材刨光到特定尺寸前，需要将其干燥处理到含水率（MC）19%或以下。

由于新伐木材的含水率往往较高，因此由新伐原木切割而成的锯材通常称为湿材。一片尺寸为50mm×50mm×3000mm的湿材所含水分可多达20L，故而湿材较重。如果直接用湿材做建筑材料，其会自行干燥到与周围空气相平衡的含水率状态。由于干燥过程中材料会出现收缩与变形，所以这将引起墙体内饰与吊顶表面开裂及其他问题。湿材中的水分还会助长真菌的生长，从而导致木材腐烂。因此工程中应用的木材其含水率必须要控制在允许的范围内。

图 2-4 双探头湿度计

2.2.1 木材的含水率

含水率是指木材中所含水分的百分比，比如一块 2kg 重的样品干燥后变为 1.4kg，那么可以认为该样品中含有 0.6kg 的水分，通过计算可以得出其含水率为 42.86%（0.6÷1.4×100%＝42.86%）。锯材中的含水率可以使用湿度计来测量，只需将湿度计的针头插入锯材，湿度计就会自动显示含水率数值（图2-4）。

2.2.2 木材的保管

含水率为 19% 的锯材仍能够吸收水分。

因此建筑用锯材在锯木厂时应先进行成捆打包并用防水油毡布盖好，再运送到堆木场。锯材堆放时，应先以 1.5m 的间距放置垂直于锯材放置方向的垫木；堆放锯材时应用塑料布将木材与地面隔开，并保证离地面至少 75mm 的距离，以形成空气的流动从而保

持锯材的干燥。

一旦工人拆开外包装开始搬运，锯材捆就会变得不再规整，因此每天施工结束后，必须重新将锯材堆放整齐，再用油毡布盖好。如果堆放不平，锯材就会出现翘曲变形。

2.2.3　木材的切割

根据木材的切割方式，主要有旋切锯材和径切锯材两种。

1. 旋切锯材

大部分针叶木锯材是通过旋切的方式进行切割的。旋切原木可以最大限度地切割出矩形的横截面，其过程为：先将原木切割出固定厚度的宽板材，再切割成不同宽度的板材（图 2-5）。这种方法是沿原木年轮的切线方向切割，每片锯材都尽可能贴近树皮处切割。旋切锯材的缺点是较易出现翘曲和收缩（图 2-6），同时因年轮处于受压面，损耗也更多。由于是沿原木切线进行切割，故旋切锯材的木纹称为旋切纹。

图 2-5　大部分木材是沿
原木切线方向切割的

图 2-6　旋切锯材比径切锯材更易翘曲

2. 径切锯材

原木还可以沿髓心向外散发的方向进行切割，称为径向切割。径切锯材不易翘曲或收缩，另外因年轮外沿为受压面，径切锯材更坚固。

3. 锯材尺寸

在北美地区，锯木厂出产的锯材尺寸为名义尺寸，即接近英寸整数的尺寸。例如一片 2×4 的锯材，其名义尺寸为 2in×4in，但经过刨光后实际尺寸变为 1.5in×3.5in，对应的公制尺寸为 38mm×89mm，而相应针叶木锯材可分为三大类：第一类是木板，最大厚度可达到 2in（51mm）；第二类是规格材，厚度在 2~4in；第三类是木方，厚度至少为 5in（127mm）。每一类锯材还可以根据用途进行细分。在大型的批发市场，锯材是按立方米来销售、购买和运输的。

2.2-规格材

2.3　木　基　结　构　板

木结构施工最初使用实木板来作为楼盖、墙体与屋面的覆面材料，当前工程上已经普遍采用木基结构板（图 2-7）。

图 2-7　木基结构板在木结构房屋中应用广泛

2.3.1　木基结构板

木基结构工程板也称为木基工程板，是以木材为原料（旋切材、木片、单板等），通过胶合压制而成的承重板材，包括结构胶合板和定向木片板。

2.3.2　木基结构板的优点

（1）单片使用时，木基结构板所覆盖的面积大于实木板，因此板材之间的缝隙总长度要比使用实木板小许多。

（2）木基结构板自重轻、安装快，需要的连接件也少。此外，木基结构板的储存和运输更简便。如果储存得当，它们不会发生收缩、弯曲或扭曲。

（3）和实木板相比，木基结构板还可以提供更大的侧向支撑力与抗分离强度。另外，基于此类板材的结构性能，其厚度可以小于实木板。

板材厂生产的合格产品均盖有 CANPLY 的印章，该印章是质量及级别认证的标示（图 2-8）。

图 2-8　木基结构板的分级章

2.3.3 主要的木基结构板

1. 胶合板

在加拿大，胶合板是最受欢迎的木基结构板之一。

（1）胶合板的特征：胶合板最重要的特征是每一层单板的放置方向都和下一层的方向垂直，且每层都刷满胶，该种胶是一种酚醛树脂，不含脲醛，具有防水特性。加拿大胶合板协会认证的胶合板符合 LEED® 评级系统（绿色能源与环境设计先锋奖）的要求，可探测的甲醛排放量为零。胶体熟化以后，就可对板材进行修剪（图 2-9）、加工方正、分级和验收。任意挑选样品进行一组测试。

加拿大胶合板协会印章是对客户的保证标识，表明该胶合板拥有达标的高品质。表 2-2 是加拿大胶合板协会的室内用胶合板等级，表 2-3 是加拿大胶合板协会的室外用胶合板等级。加拿大生产的胶合板有不同的尺寸和厚度，厚度规格见表 2-4。

（2）胶合板的加工：胶合板的加工是在大型的专用设备上进行的，车床刀片顺着树木的年轮方向旋转，对其进行去皮并修剪平滑，再将其旋切成单板；随后另外一台设备将成卷的单板切割成近似的尺寸，再对其进行干燥处理。干燥后的单板经过上胶，最后放入"三明治"式的热压机中压制（图 2-10），同时胶会在高温和高压下熟化。

图 2-9　胶合板的修剪与打磨

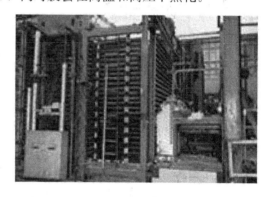

图 2-10　胶合板的热压

加拿大木业协会的室内用胶合板等级　　　　　　　　　表 2-2

等级	产品	胶合各层等级			特性	典型应用
		表面	中间层	背面		
双面（G25）	花旗松胶合板	A	C	A	两面都需要磨光处理以达到最佳外观要求。可含有实木小补丁或修补材料	家具、橱柜门、隔墙、架子、混凝土模板以及遮光涂料完成面
标准	杨树					
单面（G15）	松旗松胶合板	A	C	C	仅一面需要磨光处理以达到最佳外观要求。可含有实木小补丁或修补材料	外观面在哪里以及哪一面是经磨光处理的光滑面是很重要的。可用在橱柜、架子和混凝土模板

等级	产品	胶合各层等级			特性	典型应用
		表面	中间层	背面		
特级（SEL TF）	花旗松胶合板	B	C	C	表面孔洞必须被填补，可能需要轻微磨光	垫层、复合地板以及临时围墙。建造时没有对是否需使用磨光材料作要求
优选级（SEL）	花旗松胶合板/山杨树/杨树/加拿大软木胶合板	B	C	C	表面孔洞需要被填补，可能需要轻微磨光	
覆面板级（SHG）	花旗松胶合板/山杨树/杨树/加拿大软木胶合板	C	C	C	表面不需打磨，可含有一定尺寸限制的节疤，节孔以及其他一些小瑕疵	屋顶、墙体以及楼板覆面板。临时围墙，包装材料。建造时没有对是否需使用磨光材料作要求
高密度覆盖（HDO）	花旗松胶合板/山杨树/杨树/加拿大软木胶合板	B	C	B	光滑的树脂纤维表面，无进一步修整要求	箱子、柜子、船、家具、招牌、展示以及混凝土模板
中密度覆盖（MDO）	花旗松胶合板/山杨树/杨树/加拿大软木胶合板	C	C	C	光滑的树脂纤维表面，最佳的涂料上色材料	外挂板、望板、细木工板、内嵌式家具、招牌以及任何需要上色材料的表面
中密度双面（MDO2）	花旗松胶合板/山杨树/杨树/加拿大软木胶合板	C	C	C		

加拿大木业协会的室外用胶合板等级　　　　表 2-3

产品	产品标准	等级	特性	典型应用
易安装企口屋面板	花旗松胶合板/加拿大软木胶合板	SHG 或者 SEL	通过有专利权的企口边达到方便安装及边缘无需 H 形板夹作支撑的要求	用作民用，商用或者工业用的屋顶及露台覆面板
易安装企口楼面板	花旗松胶合板/山杨树/杨树/加拿大软木胶合板	SHG/SEL/SEL TF	通过有专利权的企口边使得安装快速简单	用作民用，商用或者工业用的楼板及重型层顶覆面板
COFI＋以及 COFI	花旗松胶合板（在厚度和表面树种以及表面树种和中间层有一定限制）	SEL/GIS/G2S/HDO/MDO	特殊的施工条件，例如潮湿环境下，花旗松胶合板提供了更大的刚度和强度。磨光或不磨光等级以及使用树脂纤维覆盖等级都可以做到。也可使用工厂预制隔离剂	混凝土模板以及其他潮湿条件下或者有其他更高的强度要求情况下

胶合板的厚度 表 2-4

打磨前厚度		打磨后厚度	
优选紧面级、优选级与覆面板级		两侧打磨与一侧打磨	
公制（mm）	英制约数（in）	公制（mm）	英制约数（in）
7.5	5/16	6	1/4
9.5	3/8	8	5/16
12.5	1/2	11	7/16
15.5	5/8	14	9/16
18.5	23/32	17	21/32
20.5	13/16	19	3/4
22.5	7/8	21	13/16
25.5	1	24	15/16
28.5	$1\frac{1}{8}$	27	$1\frac{1}{16}$
30.5	$1\frac{1}{4}$	30	$1\frac{3}{16}$

注：1. 从 1978 年开始，就出现按照公制生产的胶合板。但目前在加拿大，大部分胶合板仍然使用英制尺寸，如：6mm（1/4in）、9.5mm（3/8in）、12.5mm（1/2in）、15.5mm（5/8in）、19mm（3/4in）与 25.5mm（1in）。

2. 企口胶合板通常分为覆面板级、优选级与优选紧面级，厚度为 12.5mm 或以上。

3. 可以根据工程需要，专门订购不同厚度的胶合板。

2. 定向木片板（OSB)

另外一种常见的板材是定向木片板（OSB)，也称为定向刨花板。这种板是将木材顺着纹理切削成薄条或薄木片，并将蜡及防水酚醛树脂或异氰酸酯树脂同这些薄木片混合在一起后，再压制而成。这些薄木片每层定向布置，表层布置方向一般和板材的长度方向一致（图 2-11)。OSB 板共有三种等级：

OSB(O-1)
Strands aligned in face layers
and random in core layers.

OSB(O-1)
面层薄木片方向相同。
内层薄木片为任意方向

OSB(O-2)
Strands aligned in face layers.
Core strands aligned perpendicular
to face layers.

OSB(O-2)
面层薄木片方向相同。内层薄木片方向
与面层方向垂直

提供：加拿大木材委员会
来源：木材参考手册，p.200

图 2-11 OSB 板中木片的方向

R-1：不定向木片板；

O-1：不定向板芯定向木片板；

O-2：定向板芯定向木片板。

作为楼板、墙体与屋面覆面板使用时，加拿大国家建筑规范认为（O-2）级在结构上等同于胶合板。

OSB 板的尺寸比胶合板大得多，通常可以制作成 2.4m 宽，9.6m 长。此外相比胶合板，OSB 板的抗剪强度也较好。然而在潮湿环境下 OSB 板的表现较差。板边缘易膨胀，有时会造成屋面沥青瓦和楼板覆盖材料的拱起。OSB 板在木结构房屋中广泛采用，尤其是在墙体部分。

OSB 板上都盖有等级印章，例如图 2-12 板材的等级为 2R32/2F16/W24，其含义为：该板材可以用于屋面（R），此时结构构件的最大间距为（32）in，且板边需要支撑（2）；也可用于楼板（F），此时楼板搁栅的最大间距为（16）in，且需要额外支撑（2）；而用于墙体（W）时，墙龙骨间距为最大（24）in。

表 2-5 是公制-英制换算表。

图 2-12　OSB 板分级章示例

公制-英制换算表　　　　　　　　　　　　　表 2-5

$\frac{1}{4}''$	$\frac{5}{16}$	$\frac{11}{32}$	$\frac{3}{8}$	$\frac{7}{16}$	$\frac{15}{32}$	$\frac{1}{2}''$	$\frac{19}{32}$	$\frac{5}{8}$	$\frac{23}{32}$	$\frac{3}{4}''$	$1''$	$1\frac{1}{8}$
6mm	8	9	9.5	11	12	12.5	15	16	18	19	25.4	28.5mm
$\frac{24}{16}$OC		$\frac{32}{16}$OC		20OC		$\frac{48}{24}$OC		16''	19.2''	24''		48''
600/400		800/400		500mm		1200/600		406mm	488mm	610mm		1219mm

3. 复合板

结构用复合板（APA），美国胶合板协会也称其为（COM-PLY）包含一层木基板芯材料（如 OSB 板）以及粘合在其上的面板。复合板一般包含 3～5 层材料，一片 3 层复合板包括 1 层木质纤维板芯，以及 2 层薄板用作面板与背板；而一片 5 层复合板的板芯为 3 层木质纤维板，最中间 1 层的纤维布置方向与其他两层相垂直。进行压制操作时，层与层之间的空隙会被小木片完全填充压实。典型的复合板应用包括结构覆面板、外挂板以及一些工业用途。

2.4　非结构用木板

除结构用木板外，还有非结构性用途的木板，包括一些类型的胶合板、大片刨花板、纤维板、刨花板与其他非木材产品。非结构用木板可用作建筑室内外的饰面材料。

1. 胶合板

这类胶合板常用于室内墙体饰面板或吊顶板，也可用来制作内置橱柜或家具。表2-6是装饰用胶合板的等级。

装饰用胶合板的等级　　　　　　　　　　　　　　表 2-6

胶合板等级	饰面等级		
	面板	板芯	背板
未磨砂			
特选	B*	C	C
精选	B	C	C
覆面板级	C	C	C
贴面			
双面贴面中密度板（MD02）	C*	C	C*
单面贴面中密度板（MD01）	C*	C	C

2. 单面贴面中密度板

（1）特点：使用平滑的树脂纤维贴面，拥有最适合上漆的基面。

（2）主要用途：外挂板、望板、外挂大板、硬装修家具、指示牌，及其他需平滑板面的部位。

（3）加拿大胶合板协会（CANPLY）质量保证：加拿大胶合板协会成员公司保证其经过认证的胶合板不含制造缺陷。

非结构用胶合板还可以用做弹性地板及地毯的垫层（图 2-13），以及其他需要提供

胶合板垫层安装

垫层是用来消除不同楼面材料之间高低差的。

实木地板

地毯

瓷砖

垫层

CANPLY企口胶合板

图 2-13　胶合板放置于楼板覆面板之上

平滑板面的用途。

内墙饰面也可使用胶合板制作的内墙挂板，可以模拟出实木板的装饰效果。

内墙挂板可以模仿不同木材的木纹和颜色，某些胶合板可弯曲，能用来制作有弧度的橱柜或楼梯梁（图 2-14）。Columbia Radius 可弯曲胶合板能够实现许多平板不能达到的目标，主要应用在：弧形造型家具、弧形橱柜或中岛、接待台与办公家具、拱门与拱形门窗套、弧形墙面或圆柱装饰。

图 2-14　可弯曲胶合板产品

（a）8×4′横纹弯曲（3 层 1/4″厚产品）；（b）4×8′顺纹弯曲（3 层 1/4″厚产品）

3. 刨花板

刨花板是一种由木屑、锯末和木材边角料作为原料，加入胶粘剂压制而成的木基非结构板材。刨花板的质量取决于压制原料的尺寸大小、树种和密度的差异等因素，其硬度则取决于密度（kg/m³）的高低。一片刨花板中，越接近板面位置密度越高（图 2-15），越接近中心位置密度越低（图 2-16）。板面硬度高，利于在此基础上抹灰及涂刷木饰面胶粘剂。

图 2-15　刨花板板面光滑且硬度较高

图 2-16　刨花板中心位置密度较低

刨花板还可以作为基材与三聚氰胺树脂一起加工成三聚氰胺板，该板的板面具有防水性，多用于橱柜、浴室柜或其他湿度高的地方。外露的三聚氰胺板边通常用热烫或机器进行封边。

4. 纤维板

纤维板主要成分是粉碎的木质纤维小片、木质素与水。木质素是树木将木纤维粘合在一起的天然胶粘剂。在制作板材的过程中，水分会蒸发，剩余的混合物会通过热压成型。作为木基板材，纤维板和实木一样可进行切割、粘合与固定。

5. 高密度纤维板（HDF）

生产高密度纤维板所需的热压强度较高，因此板的密度与物理性能都较好。有时还会在板材表面涂油后进行烘烤以增加其强度和硬度。根据不同用途，高密度纤维板可分为不同等级和密度，它可用于内墙装饰板、外墙挂板、橱柜门与抽屉底板等，必要时还可在板面上刷漆以提高其耐久性。

6. 中密度纤维板（MDF）

中密度纤维板的成分与高密度纤维板相似，但制作时的热压强度要低于高密度纤维板。中密度纤维板的尺寸规整、板面平滑。与实木材料相比，中密度纤维板的多孔性使其更易吸收家具用漆，也使其板边颜色偏深。中密度纤维板贴上薄的木饰面板后可用于制作家具、抽屉组件和柜门等。在厨房或浴室等湿度高的地方，中密度纤维板的板面通常会粘贴热塑性塑料保护膜。

7. 低密度纤维板（LDF）

低密度纤维板又称为软质纤维板，其含有的木质纤维较大，纤维组合不紧密，因此板更轻、更软，也更易折断。低密度纤维板常用于不可直接碰触的区域，比如用作吊顶板；或加工为带吸声孔的吸声板。

SONOPAN是一种常见的低密度纤维板，可用于各种建筑吊顶、墙体和楼板隔声的纤维板（图 2-17），其较好的弹性可以有效降低噪声的传递。此外它特有的低密度、表面孔隙与木质纤维层使其拥有颇佳的吸声效果。

图 2-17　低密度纤维板可以用来做吊顶

2.5　工 程 木 产 品

2.3-工程木简介

工程木是指利用较小尺寸的木材加工成型的木制结构构件。工程木产品的出现替代了由大径树木加工而成的大规格梁和柱（图 2-18），使木材的利用率得到显著提高，消耗明显降低。随着自然界大径树木逐渐减

图 2-18 不同类型的工程木

少，人们开始利用相对较小的树木加工制作成各种规格尺寸的木梁和木柱。通过强度测试，工程木根据严格的标准和承载力进行分级。工程木极大地提高了产品的一致性和木构件的长度。下面将就常见的几种工程木产品进行介绍。

1. 单板层积胶合木（LVL）

单板层积胶合木（图 2-19）也称为层板胶合木，它的材料组合方式与胶合板类似，是经由多层单板胶合热压而成，不同点在于其单板全部以平行木纹的方向组合起来。LVL 使用了花旗松和南方松的单板，因为其强度和刚度更好。加工 LVL 时，在胶合各层单板之前，都要对其进行压制，以使最后的成品更为密实。

LVL 最大可加工到 89mm 厚，457mm 宽，24000mm 长。为与规格材的标准厚度（89mm）和常规尺寸 2×4（38mm×89mm）保持一致，LVL 最常见的厚度为 38mm 和 44.5mm。通常用锚栓或钉将多片 LVL 拼合可提高其承载能力。

与 SPF 规格材相比，LVL 可以用作更大跨度的梁（图 2-20）或其他水平构件。用作梁时可以订购全长的板材，然后在施工现场进行胶合。LVL 可以用专业的木工工具进行切割，也可以用专门的连接件进行固定。

图 2-19 单板层积胶合木

图 2-20 单板层积胶合木常被用作楼板梁

由于 LVL 的表面纹理粗糙，摩擦力较强，防滑性能好，还可以用作脚手板。因为单板本身就是强化板，又使用了防水胶进行胶合，故而 LVL 可以在潮湿环境中使用，强度不易因受潮而降低。

图 2-21 层叠木片胶合木

2. 层叠木片胶合木（LSL）

层叠木片胶合木是用不同树种，尤其是商业价值逊于可加工成规格材的树木木片加工而成的（图 2-21）。加工时先将原木表面清理，去皮后切成木片；再对其施用树脂胶，并按平行的纹理叠放在一起，压制成大的坯料，其最大尺寸可加工到 140mm×2400mm×10670mm；最后再将坯料切割到合适的尺寸以用于制作过梁、梁、封边板（图 2-22）与楼梯梁等构件。

3. 平行木片胶合木（PSL）

平行木片胶合木（PSL）最初的商品名为 Parallam®，PSL 的初步加工过程同胶合板和 LVL 一样：先将原木去皮切成单板，然后再将单板切成 2～8mm 厚、约 24000mm 长的窄木条。在木条上涂上防水胶，然后送入压制机，在微波技术下固化成形，最终的成品尺寸为 280mm×430mm×20000mm（图 2-23）。根据过梁、梁或柱等构件的荷载要求，可将 PSL 切割成所需的尺寸（图 2-24）。PSL 是强度最高的工程木产品。

图 2-22 层叠木片胶合木的应用

图 2-23 平行木片胶合木

图 2-24 平行木片胶合木常被用作楼板梁

4. 胶合木（GLULAM）

胶合木是用多片规格材（38mm×89mm、38mm×140mm 等）水平层叠胶合而成的。胶合木边缘较锐利，表面经抛光打磨后尺寸精确。其常用宽度为 80mm 和 130mm，高度在 228~456mm 之间。在大多数情况下，可以根据工程需要定制任意尺寸的胶合木。胶合木的顶面和底面分别为高抗压和高抗拉的面层板。胶合木一般作为梁、过梁或柱子用于结构构件裸露在外的重木结构（图 2-25），例如教堂和体育馆。安装胶合木梁和过梁时，高抗压层板必须位于顶部，以利于发挥其优良的承载性能。有许多专用于胶合木结构的重型钢连接件。

5. 交错层积胶合木（CLT）

交错层积胶合木（CLT）的主材是规格材而不是单板，每层板材的布置同胶合木一样，但各层相互垂直布置（图 2-26），总层数为奇数。

图 2-25　胶合木结构构件可以用于室外　　　图 2-26　交错层积胶合木断面

CLT 的出现为建筑师提供了一种全新的建筑材料，开启了用木材建造高层建筑的可能性。目前在加拿大，轻型木结构建筑的最高层数是 6 层，而用 CLT 已经可以建造高达 9 层的木结构建筑。目前，20 层的 CLT 建筑已在加拿大建成。

6. 工程木搁栅

如今楼板搁栅、顶棚搁栅、屋盖搁栅、屋盖椽条甚至高墙的墙骨柱都可以选择使用速生林木加工而成的工程木产品。工程木搁栅具有承载力确定、尺寸统一、跨度更大、材质轻及可充分利用林木等优点。缺点是所用的胶粘剂是可燃产品。

7. 空腹桁架 2000®

空腹桁架 2000®，又称为平行弦桁架。它是由优选指接材构成的上、下弦杆和由齿板连接的木腹杆组成，也有钢腹杆与齿板一体式的产品。空腹桁架所有杆件均通过辊压机压制组合而成（图 2-27）。空腹桁架便于管线安装，且可在工厂预制后到施工现场直接拼装。

8. 工字搁栅

工字搁栅是由上、下翼缘板与 OSB 板腹板组成。翼缘板通常为规格材，尺寸为 38mm×63mm、38mm×89mm 或 38mm×38mm，腹板上留有的穿线孔可以用于安装电线、管道以及空气流通。在工字搁栅两端，通常使用 32mm 厚的 LSL 作封边板来承担上部荷载。有时需要在工字搁栅两侧加装加强板以承担集中荷载的传递。现场安装时应该参照对应的工字梁搁栅专业施工图。图 2-28 是工字搁栅楼板系统。

图 2-27　空腹桁架的加工　　　　　图 2-28　工字搁栅楼板系统

复 习 题

1. 判断木材为硬木的依据是什么？

A. 深色的木纹　　　B. 伐自针叶树　　　C. 木纹很紧密　　　D. 伐自阔叶树

2. 判断木材为软木的依据是什么？

A. 浅色的木纹　　　B. 伐自针叶树　　　C. 木纹很紧密　　　D. 伐自阔叶树

3. 树木的细胞是通过何种物质胶合在一起的？

A. 禾木胶　　　B. 生长层　　　C. 木质素　　　D. 髓心

4. 边材位于树木的何处？

A. 树干下方　　　　　　　　　B. 树干中心

C. 树根和树干之间　　　　　　D. 树心和树干之间

5. 房屋结构用材所允许的木材最高含水率是多少？

A. 10%　　　B. 12%　　　C. 19%　　　D. 25%

6. 加拿大 2×8 规格材的实际截面尺寸是多少？

A. 1½in×8in　　　B. 2in×8in　　　C. 38mm×184mm　　　D. 40mm×185mm

7. 原木切割成单板后如何加工成胶合板？

A. 各层单板相互垂直铺放并施胶加工而成

B. 各层单板呈 45°角铺放并施胶加工而成

C. 将单板切割成条状后平行铺放并施胶加工而成

D. 将单板切割成薄片后平行铺放并施胶加工而成

8. 木材切割成单板后如何加工成定向木片板（OSB）？

A. 各层单板相互垂直铺放并施胶加工而成

B. 各层单板呈 45°角铺放并施胶加工而成

C. 单板切割成薄木片后平行铺放并施胶加工而成

D. 单板切割成薄木片后垂直铺放并施胶加工而成

9. 为何 OSB 板属于环保的覆面板？

A. OSB 板是由软木切割的细木片加工而成

B. OSB 板主要是用不能作为建筑用材的白杨加工而成

C. OSB 板的用胶对人体无害

D. OSB 板的自重轻并且防水

10. 哪种板材最常用于厨房和卫生间的台面？

A. 胶合板　　　　　B. OSB 板　　　　　C. 刨花板　　　　　D. 中密度纤维板

11. 哪种板材可以通过使用三聚氰胺树脂胶加工成具有防水性的板材？

A. 胶合板　　　　　B. OSB 板　　　　　C. 刨花板　　　　　D. 中密度纤维板

12. 哪种板材可同时用作室内和室外的墙体饰面板？

A. 低密度纤维板　　B. 中密度纤维板　　C. 高密度纤维板　　D. 刨花板

13. 哪种板材可用作隔声板。

A. 低密度纤维板　　B. 中密度纤维板　　C. 高密度纤维板　　D. 刨花板

14. 哪种板材可以减弱声音的传播？

A. 低密度纤维板　　B. 中密度纤维板　　C. 高密度纤维板　　D. 刨花板

15. 工程木产品出现的原因是什么？

A. 美化梁和柱的外饰面

B. 替代用大径树木加工而成的木梁和木柱

C. 方便大尺寸梁柱的运输

D. 加工成具有防火性能的木梁和木柱。

16. 哪种工程木产品是用单板胶合而成的？

A. LVL　　　　　　B. PSL　　　　　　C. LSL　　　　　　D. 胶合木

17. 哪种工程木产品是用平行木片胶合而成的？

A. LVL　　　　　　B. PSL　　　　　　C. LSL　　　　　　D. 胶合木

18. 哪种工程木产品是用多层平行放置的规格材胶合而成的？

A. LVL　　　　　　B. CLT　　　　　　C. LSL　　　　　　D. 胶合木

19. 哪种工程木产品是由相互垂直放置的规格材胶合而成的？

A. LVL　　　　　　B. CLT　　　　　　C. LSL　　　　　　D. 胶合木

20. 工字搁栅的腹板是由什么材料组成的？

A. 胶合板　　　　　B. LVL　　　　　　C. OSB　　　　　　D. 中密度纤维板

教学单元 3

紧 固 件

3.1　钉子、螺钉与螺栓

木结构建筑常用的紧固件有钉子、螺钉与螺栓。

钉子通常用于将较薄的构件固定到较厚的构件上，螺钉的用途与钉子相同，但所用紧固工具不一样。螺栓也是一种常用的紧固件，使用螺栓时，需提前钻孔，同时需与螺母和垫片等配件搭配使用。

3.1.1　钉子

根据用途不同，制造钉子的金属材料也不同，钢是最常用的材料，用在易生锈的地方（如房顶、栅栏、露台）。钢钉需经镀锌处理，分为电镀锌或者热镀锌两种。相比之下，热镀锌较电镀锌更耐腐蚀。不锈钢钉则可用于将木构件固定到地面上或土壤中。制造钉子的其他金属材料有铝、黄铜以及铜，用这些钉子固定金属或木结构构件，可以避免在潮湿环境下不同金属构件因相互接触而产生的电解、电镀反应。表 3-1 是加拿大规格钉子的组成、类型、代号和用途。

钉子的组成、类型、代号和用途　　　　　　　表 3-1

部位	图　　示	类型	缩写	备　　注
钉头		平顶沉头	Cs	隐藏式用钉、外挂板、地板、内装线条的安装
		石膏板钉	Dw	用于石膏板墙板安装
		饰面钉	Bd	橱柜、家具等表面隐藏式用钉
		平头	F	常规用钉
		大平头	Lf	抗剪、屋面用钉
		圆头	O	需特殊装饰效果的外装、露台等用钉

续表

部位	图 示	类型	缩写	备 注
钉杆		光杆	C	紧固力一般，临时性连接用钉
		螺纹	S	紧固力更佳，永久性连接用钉
		环纹	R	紧固力最佳，永久性连接用钉
钉尖		钻头	D	常规用钉，35°钉头，钉长为直径 1.5 倍
		钝钻头	Bl	用于硬木树种，可防劈裂，45°钉头
		尖钻头	N	沉钉更快，25°钉头，可能使硬木劈裂
		鸭嘴头	Db	易于敲弯
		尖头	Con	用于混凝土工程，穿透性比钻头形更佳

钉子的种类如下：

1. 普通钉

普通钉通常称为圆光钉。其钉头中等、钉杆浑厚光滑，末端尖锐。箱钉也属于普通钉，但钉身较细，常镀有一层磷或胶。

2. 螺纹钉

螺纹钉的钉身有螺纹，具有咬合力大、固定性强的特点。装饰螺纹钉比普通螺纹钉细，钉头小，能深入木头里面，便于进行后续的装修。

3. 包装圆钉

包装圆钉的钉头为圆锥形，能沉入到木材里层。屋面钉有镀层，钉头比普通钉大很多，可用来固定沥青瓦。

此外还有硬化钢制造的水泥钉，末端有圆锥形尖；固定性强且易拔除的双头钉；用推送器推射的装饰用角钉。图 3-1 是几种常用钉子。

图 3-1　常用钉子的类型

除上述外，还有用于固定外挂板、石膏板、地板垫层、硬木地板以及天沟的特殊钉子和固定木料的长尖钉。

钉子除了用锤子钉入外，还可由气动钉枪或无线气动钉枪钉入。

4. 码钉

码钉呈 U 形，通过手动、气动或电动钉枪驱动（图 3-2）。手动码钉枪常用于固定轻质材料如塑料薄膜与防潮纸；而加大码钉由电动钉枪气动发射，用以临时固定面板和夹柜部件。

图 3-2　两种手动码钉枪

3.1.2　螺钉

螺钉是比钉子咬合力更强、更易拆除的紧固件。螺钉的类型繁多，包括不同的材料、规格、螺母与螺钉头凹槽等。

螺钉头可决定螺钉的类型（图 3-3）。木螺钉为平头，螺钉头既可露在材料外面也可沉入材料里面；圆头或者盘头螺钉的螺钉头通常露在材料外面。椭圆头螺钉的螺钉头可部分沉入材料里，部分外露。

(a) 机器螺钉

平头　半圆头　圆头　凸圆头

木螺钉　尖平头　钝平头　部分自攻圆头　自攻圆头

(b) 自攻螺钉

平头　半圆头　圆头　凸圆头

(c) 木螺钉

木螺钉尺寸

图 3-3　螺钉头类型

早期的螺钉头均为一字槽，随后在美国出现了十字槽，主要用于石膏板螺钉及本国生产的五金配件中，再后来加拿大生产出内四角头螺钉（图 3-4）。米字头螺钉常见于欧洲五金器具与滑雪装备中；而星字槽常用在电动工具的螺钉上。

在主体结构建造中使用的螺钉不需打导孔，如低牙的底板螺钉与覆面板螺钉。固定重型构件如梁时，如不适合使用螺栓，可选用木螺钉（图 3-5）。

图 3-4　内四角头螺钉

木梁

18mm
螺钉孔

12mm
木钉栓

40mm垫片

40×垫木

图 3-5　木螺钉的使用

螺钉的型号用数字表示，数字越小的螺钉直径越小。通常依据螺丝刀的型号为螺钉分类。例如：内四角头螺钉中的 4 号、5 号、6 号螺钉可用 1 号螺钉刀；而 7、8、9 号螺钉要用 2 号螺钉刀。

钣金件螺钉是用来固定薄金属构件的，木螺钉螺杆有部分光滑无螺纹，而钣金件螺钉则全部有较深螺纹。

自钻螺钉（图 3-6）和自攻螺钉（图 3-7）是建筑工程中常用两种螺钉。自攻螺钉主要用来加固薄钢制品，如钢制墙骨。使用电动螺钉刀高速转动自攻螺钉，利用尖锐钉尖穿过钢材。如果是加厚钢材，则可用电钻将自钻螺钉旋入。

图 3-6　自钻螺钉

图 3-7　自攻螺钉

3.1.3　螺栓

螺栓极从外观上与螺钉有显著的不同，螺栓需要与螺母一起使用，螺母与螺栓头共同作用夹紧中间的构件。带有平垫片或者锁紧垫片的螺栓可以防止螺母或螺钉头嵌入木材。螺栓通常由钢制成，表面镀锌。如果钢中掺入不低于 10％的铬，可制成不锈钢螺栓。木结构建筑中常用的螺栓有车身螺栓、机械螺栓与炉用螺栓。螺栓使用时需提前钻导孔，并要注意孔距构件边缘的距离以及荷载的类型（表 3-2）。

螺栓的构造要求	表 3-2

问题：	

过小边距会导致撕裂或劈裂

荷载类型：	

1. 紧固件（水平方向）单向受剪

2. 紧固件（水平方向）双向受剪

3. 紧固件抗拔受力

　紧固件轴向抗拔时主要依赖于紧固件紧固后木材纤维形变产生的摩擦力（图 a），如果紧固件设置为横向抗拔（图 b），节点紧固强度会更好

(a)

(b)

　1. 车身螺栓

　车身螺栓头部光滑，头部下方有方形凸缘（图 3-8）。使用时将螺栓置于预先钻好

的孔中，拧紧螺母，将凸缘旋入木材中，这样可防止螺栓发生转动。车身螺栓紧固时无需旋拧头部。当装潢构件需要光滑且不突出的栓帽时，即可使用车身螺栓。加固时需注意螺母与螺栓的长度匹配。

2. 机械螺栓

机械螺栓（图 3-9）有外四角头或外六角头。拧紧螺母时，常用扳手固定头部以防止其旋转。

图 3-8　车身螺栓

图 3-9　机械螺栓

图 3-10　炉用螺栓

3. 炉用螺栓

炉用螺栓（图 3-10）有圆头或扁平头两种，且头部有凹槽，螺杆带螺纹。轻部件中可采用这种螺栓。

4. 螺栓尺寸

螺栓尺寸由直径与长度决定。车身螺栓与机械螺栓的直径为 5～19mm，长度为 19～500mm。炉用螺栓尺寸比两者都小，直径为 3～9.5mm，长度可达 100mm。

螺栓使用时需提前钻好孔，外加平垫片可分散抓力，防止螺母与螺钉头嵌入木头。如果接合部位有位移或者振动，可外加锁紧垫片。

3.2　连接件、锚固件与胶粘剂

3.2.1　连接件

木结构建筑中会应用到多种金属连接件。它们除了具有连接构件的功能，同时还起着承重与加固的作用。因此为主体结构选择合格的连接件非常重要。在主体结构不同的位置所使用的连接件也会有所不同，具体可参见图3-11。

图 3-11　主体结构连接件的位置

1. 搁栅托架

搁栅托架在楼盖系统中可用于楼盖搁栅与梁、楼盖搁栅与楼梯井封边搁栅的连接（图3-12、图3-13）。在屋盖系统中可用于屋盖搁栅与梁、楼梯梁与楼梯井封头搁栅等结构的连接。当建筑构件暴露在室外时（如露台），搁栅托架应做镀锌处理。

2. 抗拔锚固件

抗拔锚固件也称抗风紧固件，在强风地区可确保屋顶与墙体牢固连接。安装方法是将其钉在墙体顶梁板的任意一侧，并与椽条或桁架连接。

3. 结构紧固件

结构紧固件可用于连接墙骨柱与墙体梁板、墙骨柱与过梁、梁与柱、柱与

图 3-12　搁栅托架的安装

混凝土柱基础、栏杆与栏杆柱等。结构紧固件有不同的规格与厚度，用于匹配不同的重型构件与轻型构件。同样，与结构紧固件配套使用的连接件也有不同规格与抗剪强度，如钉和螺栓。

4. 齿板

齿板用于连接屋顶或者楼盖桁架（图3-14），具有良好的结构性能。齿板是通过液

图 3-13　楼梯顶部的搁栅托架

压机或辊压机压入桁架杆件的,其连接效果与强度远优于胶合板结点板。

(a)

(b)　　　　　　　　　　　　　(c)

图 3-14　屋架节点连接

(a)重型屋架节点连接;(b)轻型屋架节点连接;(c)齿板

3.2.2　锚固件

锚固件通常用于将木材或其他材料与混凝土、砖石砌体或者空心墙体连接。

1. 实心墙锚固件

实心墙锚固件属于膨胀锚固件,它依托膨胀的外壁与主体连接在一起,达到锚固的目的。实心墙锚固件依据其抗拔强度可分为:重型锚固件、中型锚固件与轻型锚固件。

重型锚固件常用于锚固设备、扶手与护栏、货架等；中型锚固件常用于门窗、壁柜与管道的锚固；而轻型锚固件常用于固定电箱、小尺寸的镜子及小物架等装置。

(1) 重型锚固件

1) 车修壁虎：我国称之为膨胀螺栓，是一种重型锚固件，一经安装后极难拔出，因此通常用于固定不移动的重型物件。使用时需提前根据其尺寸和长度在混凝土墙或者楼板上钻相同深度的导孔，随后放入楔形的锚杆，再放上需锚固的托架等物体，最后用螺母和垫片固定。在旋紧螺母的过程中，锚杆的头部会膨胀，从而起到锚固的作用（图3-15）。

图 3-15 车修壁虎

2) 内迫壁虎：安装时先钻好大小与深度合适的导孔并将锚杆放入孔中，再用锤子敲击配套的安装工具，使导孔中的锚杆膨胀，最后用螺母和垫片加固（图3-16）。

3) 套管式壁虎：我国一般称之为"胀塞"，也属于重型锚固件，其插入的导孔可稍大，随着螺钉的旋紧，套管会膨胀并填满导孔，从而将物件锚固（图3-17）。

图 3-16 内迫壁虎

图 3-17 套管式壁虎

(2) 中型锚固件

1) 木螺钉套筒（图3-18）：属于中型锚固件，它可与木螺钉配套使用。安装时应

图 3-18 木螺钉套筒

先在砌体上开好导孔并放入套筒，随后打入木螺钉，旋入的过程中套筒会开裂并填满导孔。木螺钉的尖头应完全穿过套筒，以保证套筒完全裂开并填塞紧实。制作套筒的材料应为较软的金属，通常为锌合金。

2）插销壁虎（图 3-19）：也是一种中型锚固件，它类似于高硬度金属制造的钉子，但在钉末端有一个孔，孔边有略向两侧外突的圆弧。使用时应先钻好导孔，孔径与钉身直径相同，随着钉身敲入，其外突的弧形可使其紧卡在孔中。插销壁虎多

图 3-19　插销壁虎

用于木龙骨与混凝土楼地面的连接。与它类似还有一种钉身弯曲而不分叉的锚固件。

此外，市场上还有其他的膨胀锚固件。其原理都类似：钻好导孔后放入锚杆，随后旋紧螺母使锚杆膨胀而紧嵌于孔中。

3）水泥螺钉（图 3-20）：工作原理与上述锚固件略有区别，其不同之处在于它仅由一个部分组成。因此在安装时对导孔的要求也比较高，孔径与深度都须为合适的尺寸。每一盒水泥螺钉中都配有一个配套的砌体钻头。厂家通常建议水泥螺钉的螺纹应打入混凝土至少 25～45mm 。水泥螺钉的螺钉头有多种类型，包括平头和沉头；槽口有内六角、内四角或十字槽等类型。水泥螺钉分为重型（图 3-20）和轻型（图 3-21）两种。

图 3-20　重型水泥螺钉

图 3-21　轻型水泥螺钉

4）内牙壁虎（图 3-22）：是一种常用锚固件，它包含三个部分：锥形锚杆、套管及机械螺栓。安装时同样需要先打合适的导孔，再将套管与锚杆一起放入，随后再用配套工具打入螺栓，该过程会使套管膨胀，并紧卡在导孔中。

（3）轻型锚固件

如需快捷地将物件与砌体墙连接，则可选用由铝、锌或尼龙制成的敲击式壁虎。安装时在物件和墙体上钻好导孔，放入锚杆后用锤子敲入锚杆中的金属销，锚杆即会膨胀并卡在物件中。图 3-23 是常见轻型锚固件。

（4）化学锚固件系统

图 3-22 内牙壁虎

图 3-23 常见轻型锚固件

通过粘结实现锚固目的，目前多采用环氧胶类产品将钢铁与混凝土牢固连接。使用时需按照厂家要求操作：打好导孔后需清理尘土，再将充分混合的胶（AB 两组胶在胶管中已混合）注入孔中；或旋入螺栓时打破孔中预置的玻璃药管至药剂混合（图 3-24）。放入螺栓时，略作旋转使其通体覆盖胶层，随后凝固一段时间，待凝胶后加上螺母与垫片。

2. 空心墙紧固件

（1）兰花夹（图 3-25）：是一种用于空心墙体的锚固件。将兰花夹与螺栓同时插入墙板后，兰花夹可被内置的弹簧在墙体的空腔内撑开。在安装时，墙板的开孔需稍大以让折叠的兰花夹穿过。螺栓头下方通常需放垫片。如果拆除螺栓，兰花夹则会掉落在墙板后的空腔中。某些兰花夹为塑料制作，此时需要与配套螺钉使用，而非螺栓。

图 3-24 使用环氧胶在混凝土中安装螺栓

图 3-25 兰花夹

（2）膨胀螺栓：有空心墙专用的膨胀螺栓（图 3-26）、锥形螺栓（图 3-27）以及尼龙墙塞等。有些螺栓在使用时需提前钻孔，有些则可以直接打入。锥形螺栓锚固力最强，且可直接旋入石膏板，使用比较方便，应用广泛。安装空心墙膨胀螺栓时，应先拧入膨胀管与螺栓，再拆除螺栓，最后再上好装置即可。

图 3-26 空心墙专用膨胀螺栓

自攻头

螺母设置十字槽，使其能被旋入石膏板。

图 3-27 锥形螺栓

3.2.3 胶粘剂

胶粘剂有固态、液态、半液态等多种形式，以及粘固剂、乳香胶与胶水等类型。

粘固剂通过化学作用，在硬化后紧固材料。其凝固过程短，且伴有气体产生，从环保的角度出发，应控制气体的发生量。

1. 接触型粘固剂

接触型粘固剂在住宅建筑的施工中常用，多于胶接厨房或洗手间台面的贴面。使用时，在台面与贴面上先后施胶，待胶完全晾干后，在两者之间放入木条以隔开，随后将两者小心对齐，最后拿掉木条，让两者接触以粘合。粘合过程会瞬间完成，因此操作不允许出错。在粘合后用贴面滚筒从中间开始，向外侧滚压挤出空气，以使贴面与台面满粘。

2. 加塑粘固剂

加塑粘固剂的适应环境能力强，干湿环境皆可使用。通常可在突出屋顶构件的根部（如烟囱）作密封胶使用，或用于密封混凝土基础中模板扣件形成的孔洞。

图 3-28 建筑用结构胶是一种乳香胶

3. 乳香胶

乳香胶为半固态，通常为罐装或筒装。乳香胶类产品中最常用的是建筑结构胶，为筒装，并通过胶枪施胶。建筑结构胶（图 3-28）常用于对粘结强度和持久性要求较高的位置，如楼面板与搁栅之间、墙面板与墙骨柱之间，铺路石等。特殊配方的乳香胶可用于挤塑保温板与砖石墙体的胶接。

罐装的乳香胶可通过锯齿抹刀施用（图 3-29）。抹刀的齿距和深度需按罐体上说明选用。乳香胶在抹刀施用后可粘贴瓷砖、PVC 地板、PVC 地砖以及乙烯基踢脚线等。使用时，在材料表面施胶后，待其稍凝再压紧，需养护一段时间方可使用。

4. 胶水

胶水是液态胶粘剂，常用于材料厚度不宜采用重型紧固件的内装接缝处，如家具、橱柜与室内线条。室内装修常用的胶水有两种：黄胶与白胶（乳白胶）。

黄胶是一种脂肪族树脂胶，其黏度高且耐热、耐溶，也称为木工胶（图 3-30）。

白胶的成分为聚乙酸乙烯酯，常用

图 3-29　使用抹刀施胶

于家具与木材的粘合（图 3-31）。施工人员通常会在绝大多数的接缝位置施用该类的木材用胶以保证可靠的连接。

图 3-30　黄胶

图 3-31　白胶

复 习 题

1. 如何区分螺钉和螺栓？

A. 螺栓有六角形的螺栓头　　　　　B. 螺栓的螺杆且带螺纹

C. 螺栓配有螺母和垫片　　　　　　D. 螺栓是细螺纹，螺钉是粗螺纹

2. 哪种金属制作的钉子可用于安装木挂板？

A. 铜　　　　　　B. 电镀锌钢　　　　C. 铝　　　　　D. 热镀锌钢

3. 木挂板用钉可使用哪种钉头？

A. 椭圆头　　　　B. 平头　　　　　C. 大平头　　　　D. 平沉头

4. 哪种钉杆适用于固定木地板?

A. 环纹   B. 光杆   C. 螺纹   D. 镀锌

5. 哪种螺钉头凹槽是在加拿大发明的?

A. 十字槽   B. 内四角槽   C. 星字槽   D. 米字槽

6. 哪种钉子最耐腐蚀?

A. 普通钢   B. 不锈钢   C. 电镀钢   D. 热镀锌钢

7. 当同时使用紧固件和金属板时,为什么需要用材质相近的金属?

A. 保持颜色一致性

B. 避免出现电解作用

C. 保证紧固件和金属板有相近的强度

D. 减少多种钢材的使用从而降低对环境的破坏

8. 哪种螺钉主要用来加固薄钢制品?

A. 木螺钉   B. 钣金螺钉

C. 自钻螺钉   D. 自攻螺钉

9. 哪种螺栓的头部光滑且有方形凸缘?

A. 车身螺栓   B. 机械螺栓

C. 炉用螺栓   D. 方头螺栓

10. 哪种螺栓是外四角或外六角螺丝头?

A. 车身螺栓   B. 机械螺栓

C. 炉用螺栓   D. 方头螺栓

11. 哪种连接件可用来固定楼板搁栅和梁?

A. 抗风紧固件   B. 搁栅托架

C. 12mm 螺栓   D. 齿板头螺栓

12. 哪种结构连接件可以用于固定屋面椽条和墙体顶梁板?

A. 抗风紧固件   B. 搁栅托架

C. 12mm 螺栓   D. 齿板

13. 哪种结构连接件可以用于桁架弦杆和腹杆的固定?

A. 抗风紧固件   B. 搁栅托架

C. 12mm 螺栓   D. 齿板

14. 兰花夹属于哪一类锚固件或螺栓?

A. 化学锚固件   B. 轻型锚固件

C. 重型锚固件   D. 空心墙用锚固件

15. 木螺钉套筒属于哪一类锚固件或螺栓?

A. 化学锚固件   B. 中型锚固件

C. 重型锚固件   D. 空心墙用锚固件

16. 车修壁虎属于哪一类锚固件或螺栓?

A. 化学锚固件   B. 轻型锚固件

C. 重型锚固件   D. 空心墙用锚固件

17. 建筑胶粘剂用于楼板搁栅时,使用何种工具施工?

A. 腻子刀   B. 胶枪

C. 抹刀   D. 油漆刷或滚筒

18. 使用何种工具将胶粘剂用于安装地板?

A. 腻子刀   B. 胶枪

C. 抹刀   D. 油漆刷或滚筒

19. 使用何种工具施用乳香胶?

A. 腻子刀   B. 胶枪

C. 抹刀   D. 油漆刷或滚筒

20. 哪种胶用于室内家具接缝处?

A. 黄胶   B. 白胶

C. 乳香胶   D. 触型粘固剂

教学单元4

工　具

4.1　手 动 工 具

妥善保管、正确使用工具，是优秀施工人员必备的职业素养。因为工具是从事职业活动不可或缺的帮手和重要的辅助工具。高质量的工具可能价格不菲，但其性能更优越且使用寿命更长，往往物有所值。

当前，机械与电动工具在施工过程的应用越来越广泛，但手动工具仍是不可或缺的施工工具。在木结构建筑施工中，应用的手动工具主要有以下几类：

4.1.1　测量和安装工具

1. 直尺

直尺（图4-1）是最简单的测量工具之一，通常用木材或金属制作。直尺上有刻度，以毫米（mm）为最小刻度单位，其后依次为厘米（cm）与米（m）。施工人员可使用直尺绘制直线及测量长度。由于直尺长度有限，多用在工作台上测量较小的物体。

2. 卷尺

卷尺（图4-2）也是施工人员的常用工具，易于在手中握持且携带方便。卷尺可精确测量8m甚至更长的长度，其内置弹簧，拉伸后能自动回缩。因卷尺头易受损，从而影响其精确度，做工精湛的卷尺尺头通常由铆钉与尺条连接，背部配有加强衬条。铆钉周围留有尺头厚度的可活动空隙，以保证在测量时，从尺头内侧或外侧测量均同样精确。

图 4-1　直尺　　　　　　　　　　　　　　　　图 4-2　卷尺

加拿大木结构建筑用卷尺在每305mm、406mm与487mm的刻度位置都有菱形着重标记。这些标记便于施工人员在拼装主体结构构件（如楼盖搁栅、墙骨柱、屋顶椽条或桁架）时画线。此外，这种卷尺比普通卷尺更长且更宽（通常为 20～30mm）。由于尺身用厚规格钢制造，即便是伸出至 2m 也能保持笔直，非常好用。

图 4-3 手动卷尺

手动卷尺（图 4-3）测量距离可达 30m，包括钢卷尺（钢）和皮卷尺（PVC 塑料纤维）。尺带扁平且收放便捷，尺头带钩或圆环，可固定于钉头或者钉杆。卷尺应保持干燥与清洁，否则易生锈或卡带。钢卷尺遇热会略微膨胀，而皮卷尺长久使用后会被拉长，故有必要定时检验其精度。

3. 角尺

角尺的种类较多，施工人员可使用多种角尺在材料上画直角线或斜线，其中许多直角尺也可做测量工具。角尺由角尺尺柄（木或钢）与垂直嵌入尺柄的钢尺组成（图 4-4），常用来检验木料边和面是否垂直，也可用于台式电刨机的竖向靠栅与台锯竖向锯片的安装

建筑施工中也常用组合角尺（图 4-5）。组合角尺由一个钢制尺杆与一个可滑动尺柄组成。尺柄有两条边，分别与尺杆呈 90°角与 45°角，以方便施工人员画线。由于尺柄可滑动，故可将其用作滑动扣来测量材料长度并画线；也可以用来测量槽榫或搭口榫等接合方式的槽口深度。有些组合角尺还配有不同功能的配件，因此也可用作量角规来测量与标记角度，或用作材料转角顶点位置的中线定位工具。

图 4-4 直角尺

图 4-5 组合角尺

快速角尺是由铝或塑料制作的带有单侧靠边的等腰直角三角形角尺（图 4-6）。由于可用它方便地进行 90°和 45°的测量与画线，其体量小，能装入施工人员的工具包，因此广泛用于木结构建筑行业。利用它的角度与坡度刻度，可以进行屋顶椽条的画线与切割，此外还可作为电圆锯直线切割的辅助工具。

木工角尺呈 L 形（图 4-7），通常由金属材料（钢、不锈钢、铜或铝）制成。尺杆尺寸为 50mm×600mm，尺柄尺寸为 40mm×400mm。木工角尺有多种用途，其中最重

要的是作建筑构件的垂直度校验。

图 4-6　快速角尺　　　　　　　　　　　　　图 4-7　木工角尺

　　T 形可调角尺（活动角尺）是可调节角度的角尺（图 4-8）。调整到所需角度后，可用来画线、调整电动工具的角度或辅助进行非 90°角的切割。滑动槽中的滑扣由蝶型螺母固定。角尺的尖端可以收拢到手柄中以避免使用人员受伤。

　　另外还有圆规夹（图 4-9），它可以画出直径较大的圆。

图 4-8　T 形可调角尺

图 4-9　圆规夹

　　4. 水平尺

　　水平尺的主要用来检测建筑构件的水平度。施工时常用铅锤（线坠）来检测建筑构件的铅垂度，但大部分水平尺在两端都配有水准泡，因此也可用其检测铅垂度。

　　建筑用水平尺的长度在 600～1800mm 之间，其长度越长，测量的精度越高，有些水平尺可拉伸至 2000～3500mm。在运输和施工中，水平尺可能因剧烈运动而造成水准泡破裂，需要进行必要的防护。调校墙体的铅垂度时，最佳做法是在顶梁板与底梁板上各装一块挡块，随后用水平尺靠在挡块上进行调校。直接用水平尺靠在墙骨柱上调校是不完全精确的，因为它是假定墙骨柱是完全笔直的。存放水平尺时需注意保持其干燥与清洁。图 4-10 是木工用水平尺。

图 4-10　木工用水平尺

图 4-11　挂线式水平尺

挂线式水平尺由金属或塑料水准管及穿过水准管的线组成（图 4-11）。使用时由于拉线的松紧程度与气流都可能对测量结果造成影响，因此其测量精度一般。

5. 铅锤

铅锤也称线坠（图 4-12），是测量铅垂度最精确的工具。铅锤由较重的金属制作，一端是尖头，另一端配有圆环以使线可从中穿过。使用铅锤校检墙体垂直时，可将其从墙顶悬垂至楼面。如铅锤拉线与墙体的距离在顶部与底部完全一致，则说明墙体是铅垂的。使用较重的铅锤可使其在风中摆动的幅度较小，测量精度也就高些。

6. 粉斗及墨斗

图 4-12　铅锤

粉斗和墨斗都属于手持弹线工具，其内放有线卷与彩色粉末或墨水，线末端配有钩或针，线卷可由外侧摇柄控制。使用时先将线末端的钩钩住钉子或板边等位置，随后拉动粉斗或墨斗，线被拉出时即会粘满粉或墨；随后将线拉紧后压实一端，再垂直向上拉起线的中间部分，松手后即可弹出一条直线。弹线长度超过 2m 时，最好先压住线中间一点，再在该点的两侧各弹一次，如此弹出的线就会更加准确。图 4-13 是粉斗与粉盒。

图 4-13　粉斗与粉盒

7. 分规与圆规

分规（图 4-14）与圆规常在建筑施工中作画线用，例如安装一片材料使其紧密贴合在一个不规则的表面上。使用时设定好两脚间距之后，将金属脚紧靠在不规则表面上滑动，另一脚上的铅笔即可在材料上画出完全匹配的线。

图 4-14　分规

4.1.2　切割及削平工具

1. 凿子

凿子的凿身由金属制成，凿刃锋利，形状有方正、扁平等多种，与凿柄组成整体（图 4-15）。木工凿子的凿刃宽度通常为 3～50mm，凿刃两侧或方正或为斜面。两侧方正的凿刃用于打方正的榫眼；而两侧有斜面的凿刃常用于打有角度的斜眼，如燕尾榫眼。凿柄或有凿裤以装入凿身；或为穿心柄，外装握套。使用凿子时，最好用夹具夹紧工件，同时握好凿子，并配合使用锤子。

2. 刨子

刨子由木或金属制刨床以及斜向嵌入刨床中的锋利刨刃组成。刨床底部平滑，刨刃在刨床底部微露刃口。不同国家的刨的形式略有差别，如向前推的推刨与向后拉的拉刨。使用刨子时需紧固工件，双手握刨。刨

图 4-15　木凿子

刃刃口的斜面应朝下，弧形盖铁可调节刨刃的露出距离，并使刨花向上卷曲。刨刃可上下左右调节，也可调整刨口以改变刨花通过路径的大小。图 4-16～图 4-18 为几种常见的刨子。

刨子和凿子的刃部都须保持锋利。存放时应使刀片朝上，避免与台面接触。

3. 金属剪

金属剪（铁皮剪）可用来剪切薄金属片材料（图 4-19a）。建筑施工中常用来剪切金属薄板制作的屋面瓦、泛水板、封檐板与望板等，此外也可用于壁炉与新风机安装后

的金属管道剪切。手柄更长、剪切力更大的重型铁皮剪可用来剪切较厚的金属材料。

图 4-16　平底刨

图 4-17　小平底刨

图 4-18　木盒平底刨

　　航空剪是用来作弧形剪切的（图 4-19b），其上有色标，绿色表示剪切弧线向右，红色表示弧线向左，而黄色表示剪切方向笔直。航空剪的剪切力不及铁皮剪，但在工地使用较为便捷，且新近研发的航空剪已可向任一方向剪切。

(a)

(b)

图 4-19　金属剪与航空剪

(a) 金属剪；(b) 航空剪

　　4. 刀具

　　（1）美工刀：建筑施工中最常用、最安全的刀具是美工刀。美工刀有两种类型：一种使用单片短刀片，刀片两端都有刃尖；另一种使用长刀片，刀片带有折线，用钝的部分可被折去，以保持刀的锐利。两种类型均可在刀柄中装入备用刀片，但使用长刀片的优势在于其能切割保温棉。与很多工具类似，美工刀有轻型与重型之分，而在建筑施工中多使用后者。

（2）木工刮刀：木工刮刀是常用的刮削工具，一般分为平面刮刀和曲面刮刀两类（图 4-20）。平面刮刀用于刮削平面和刮花；曲面刮刀用于刮削内曲面。

（3）油漆刮刀：油漆刮刀（图 4-21）由可替换的刀片和长刀柄构成，可用于在表面重新刷漆前刮除原有漆层，也可用于刮除打胶时木材构件接缝处溢出的胶。

图 4-20　木工刮刀

5. 手锯

欧美国家习惯用的锯为推锯，推锯分为横切锯和纵切锯。横切锯（图 4-22）的锯片有一排左右错开的锯齿，沿木材横纹方向切割时，锯齿会切断木材纤维，同时切出锯缝以使锯条能够继续前后活动。使用横切锯时，锯片应与地面成 45°角左右，材料即将锯断时动作应放轻放缓，以防止木料自行折断。

横切锯根据锯片上每英寸的锯齿数作了分级，八点表示锯片上每英寸有八个锯齿。锯齿越密，则切割面越光滑，但需要推动锯的次数越多。

图 4-21　油漆刮刀

图 4-22　横切锯

纵切锯的锯齿断面为方形，其可沿木材顺纹方向"凿"开木材。新近研发的锯齿已兼具横纹与纵纹的切割功能，因此纵切锯已较少使用。

此外还有多种类型的专用锯。鸡尾锯（图 4-23）的锯片狭窄，可在材料上锯出曲线的形状，使用时通常需先用电钻钻孔。石膏板锯（图 4-24）与鸡尾锯的外观类似，但锯片强度更好，且顶部有锋利的刀口使锯片能刺透石膏板以进行切割。

图 4-23　鸡尾锯　　　　　　　　　　　　图 4-24　石膏板锯

弓锯（图 4-25）用作切割弧线，因此可用于切割踢脚板位于墙体阴角的接头。钢锯（图 4-26）的锯条专用于切割钢材。

图 4-25　弓锯　　　　　　　　　　　　　图 4-26　钢锯

拉锯，又称日式拉锯，是相对于推锯而言。其锯齿锋利，在向回拉动时切割材料。其锯条灵活，因此可用于切割门套。

4.1.3　打孔及钻孔工具

1. 手摇曲柄钻

手摇曲柄钻是一种手持工具，可用于在木材上钻较大的孔。其钻头为螺旋钻头，螺纹可疏松可紧密，且上下两侧都是锋利的刃口。使用时摇动曲柄带动钻头转动，在螺纹旋入材料的同时刃口也切割材料。钻穿木料后，将钻头退出，再从孔的另外一侧重新钻入，以使孔壁光滑。如需钻出类似门把手等更大的孔，则可采用可调节的单刃口钻头。所有钻头的顶部都有特殊的锥形头。

2. 手摇钻

手摇钻（图 4-27）可用于在木材上钻出稍小的孔，如螺钉导孔或螺栓孔。其所用钻头为钢制，还可使用沉头钻头为沉头螺钉钻出导孔。手摇钻通过传动装置将顺时针摇动手柄的力带动垂直方向的钻头顺时针旋转。

3. 手推钻

手推钻（图 4-28）的钻杆上有一圈突起，能将压力转换成旋转力。钻中的弹簧能将手柄上推回到顶，以便再次下压。某些螺丝刀的配件也可使用同样的原理旋入十字头或一子头螺钉。

图 4-27 手摇钻

图 4-28 手推钻

4.1.4 紧固工具

1. 锤子

木结构建筑施工人员常使用两种锤子。第一种为弯角羊角锤（图 4-29），其锤击面平滑，用途广泛。锤头重量通常在200～500g，锤子的名称直接由锤头重量表示。最常见的锤头重量为454g。第二种锤子为直角羊角锤，多用于木结构建筑的主体结构施工。其锤头

图 4-29 弯角羊角锤

的羊角仅略有弯曲，锤击面通常为网状糙面。通常直角羊角锤比弯角羊角锤更重，其重量在550～900g。

锤子的锤柄可由多种材料制成（图 4-30），如钢、木、玻璃纤维、石墨以及塑料复合材料，且有多种不同的长度。有些锤柄还覆盖有柔韧且具缓冲作用的材料，它可

(a)   (b)

图 4-30 不同材料柄锤

（a）玻璃纤维柄锤；（b）钛金属柄锤

吸收由钉子传至手臂的振动，避免手腕、肘和肩部的重复性劳损。目前一些厂商已开始采用钛金属制作锤头，在大幅度降低了锤头重量的同时，能大幅度降低对关节的损伤，还能保证相同的击打力。此外，使用带弧形的长木柄也能有效减少锤子对手腕的冲击力。

有时为避免损伤装饰材料，可在锤头上加一个塑料帽，如此即能兼顾击打效果与饰面保护。

使用钉冲（图4-31）可让钉头下沉，以便于用木塞填堵钉孔。为防止下钉时木材开裂，可采取钝化钉尖或打导孔的方法。斜向下钉可增加钉子的抗拔力。需注意的是，在任何时候打钉都务必佩戴护目镜。

2. 码钉枪

码钉枪分为手动码钉枪（图4-32）和气动码钉枪两种。手动码钉枪有多种类型：有靠手压的手压式码钉枪，也有锤击式码钉枪，码钉在接触到材料时即被击发，钉入速度很快。还有敲击式码钉枪，其需要通过锤子敲击才能击发码钉。该类码钉枪通常用于较厚材料的安装，如6mm厚的楼板覆面卷材。气动码钉枪可有效降低手部疲劳。

图 4-31　钉冲　　　　　图 4-32　手压式码钉枪

3. 螺丝刀

螺钉与匹配的螺丝刀的名称一般按照其螺钉头部的凹槽类型来命名（图4-33）。内四角（Robertson）螺钉头是由加拿大发明的，是加拿大建筑市场最常见的螺钉。其匹配的螺丝刀由小到大按颜色编号，分别是黄色（#0）、绿色（#1）、红色（#2）与黑色（#3）。而螺钉的尺寸则由小到大按数字表示，分别为3号、4号（黄色）；5号、6号、7号（绿色）；8号、9号、10号（红色）；12号、14号（黑色）。螺钉的长度与凹槽类型应依据使用环境而定。

图 4-33 不同的螺钉头类型

十字头（Phillips）螺丝刀与十字头螺钉相匹配，其尺寸从♯0～♯4不等。十字头螺钉常用于橱柜五金件的安装，且是石膏板螺钉的首选类型。1966年，发明十字头螺钉的公司再次发明了米字头（Pozidriv）螺钉。这种凹槽类型随后成为国际标准，欧洲几乎所有的橱柜五金件、电子产品与滑雪装备中都使用米字头螺钉。近期的螺钉产品也开始使用组合凹槽，其允许与两种或以上的标准螺丝刀相匹配。图 4-34 是米字与十字螺钉头的比较。

将螺钉旋进木头前，最好先打出导孔与沉头凹槽。组合式沉头钻头（图 4-35）打出的导孔可同时匹配螺钉的螺纹、光杆与沉头部分。

图 4-34 米字头与十字头略有差别

图 4-35 组合式沉头钻头

4.1.5 拆除工具

1. 撬棍

撬棍（图 4-36）可用于将长钉拔出木头或撬开用钉子连接的木构件。撬棍一端呈楔形，另一端有 U 形弯曲并呈叉状，可用来卡住并拔出钉子。U 形的弯曲设计可使撬棍的支点随着钉子的撬出而不断调整。扁撬杠也是一种拆除工具，作用与撬棍具类似。

2. 起钉器

如果要拔出深入木材的钉子，则需要使用起钉器（图 4-37）。起钉时需先用锤子敲击起钉器，使其羊角部分进入木材并卡住钉帽。起钉器羊角的外侧有弧形设计，最初的敲击使其向下移动并沉入钉帽周围的木材中，继续敲击则可使其向上翻起，卡住钉子并带出少许，随后再加力将钉子拔出即可。钉子只要被起出至钉帽离开木头表面，即可使用多种工具将其拔出。

图 4-36　各种类型的撬棍

图 4-37　起钉器

4.1.6　夹具

除了同尺寸的扳手外，有多种工具可用于夹紧或者拧松螺母，其中最为常见的是活动扳手。活扳手有多种尺寸，扳手越长，其扳手的开口也越大。可调手钳也可用于拧紧螺母，大力钳同样也是如此。

还有许多夹具可以用来固定材料，如：大力钳（图 4-38）、C 形夹、弹簧夹、条形夹、螺丝夹等（图 4-39）。

图 4-38　大力钳

图 4-39　夹具

4.2　便携式电动工具

4.2.1　电圆锯

电圆锯是木工最常用的电锯。它的锯片由电机直接驱动或通过蜗轮传动，使用时伸缩护罩可覆盖锯片，以保护操作者。电圆锯威力强大，因此使用的时候需加倍小心，且在切割前需确保工件稳定，并佩戴护目镜。

使用时应先将电圆锯底部前端搁置在工件上，锯齿不应触碰到工件。按下扳机开关以发动电机（注意：有些锯子需先打开安全开关）。待到锯片全速运转时方能进行工件切割。安全的做法是找一个引导器来引导电锯移动，比如快速角尺、夹条或靠栅（图 4-40）。引导器不仅能让锯子切割出直线，还能避免锯片被卡住与锯子发生回弹的可能性。大多数电圆锯都有辅助手柄，操作者可使用双手操作（图 4-41）。锯片必须时刻保持锋利以防止其卡住与回弹。一旦电圆锯离开待切工件，锯片保护罩会立刻弹回安全位置以盖住旋转的锯片。等到锯片停止旋转之后再把锯子放在地面或稳固的平台上。

图 4-40　电圆锯上的夹条

图 4-41　电圆锯的使用

电圆锯可以切割出直切口（图 4-42）、材料端部的斜切口、材料两侧的斜切口以及复合角度的斜切口（图 4-43）。切割斜切口时，使用引导器来引导锯子底座非常重要。现在也有可调节的专用引导器，可使电圆锯切出任何角度。电圆锯的锯片由下向上切割，因此应让工件美观的一面朝下。当更换锯片的时候，应确保锯齿齿尖向上朝着锯子底座的方向。

图 4-42　使用引导器切直线切口

图 4-43　用电圆锯切割斜向切口

图 4-44　合适的锯片深度

合适的锯片深度，是保证切割顺利的前提之一，安全的做法是让锯片深度大于待切工件 6mm（图 4-44），这样可减少锯片的摩擦力并降低锯片卡住的可能性。如果工件放置的位置不正确，圆锯的切割深度会不够。

锋利又耐久的锯片都有碳素钢锯齿，锯齿可以用胶粘合，也可以焊接。锯片的锯齿越多，切割的表面就越是平滑。有特殊涂层处理的薄路锯片，可用来做顺纹切割或切割防腐木。

当需要作非常精细的切割时，例如两侧贴面的空心门，可先用刀子划出切割线。随后在门上夹住一个引导条，使其到切割线的距离正好等于锯片齿尖到底座边缘的距离。再使用多锯齿锯片小心地沿引导条移动切割，这样可以使工件的切口平整。另外一种做法是在切割线上贴一根护条，这样可以保持木纤维的粘合度。

电圆锯有两种类型：直接驱动与涡轮传动（图 4-45）。直接驱动电圆锯的锯片可位于马达左右两侧；涡轮传动电圆锯的锯片位于马达左侧。直接驱动电圆锯的手柄靠近锯子

图 4-45　涡轮传动电圆锯

的后上方，而涡轮传动电圆锯的手柄在锯子的后方，这就形成了不同的使用方法。涡轮传动电圆锯较重，使用时先将锯子提起使其坐到工件上，当锯片达到最高转速后，再向前推动圆锯切割工件。直接驱动电圆锯在使用时是被提至工件上，也使其底座坐在工件上。待锯片达到最高转速后，边向前推动边从上方引导，使锯子切过工件。在使用这两

种电圆锯切割斜向切口或从上方直接切入材料时，都需要手动扳回部分锯片保护罩（图 4-46）。从上方直接切入时，应把底座的前端牢牢地固定在工件表面，扳回锯片，启动锯片使其达到最高转速，然后缓慢地放下圆锯，直到整个底座坐在工件上，再沿画线切割。停止使用时，需先松开扳机，待锯片停止转动时再移开锯子。开口其他的几个边可用相同的方法切割，最终的切口可用手锯或曲线锯处理。

图 4-46　使用电圆锯直接从材料上方切割

4.2.2　曲线锯

曲线锯主要用来切割曲线，其锯片沿上下方向移动（图 4-47）。锯片的冲程与电机的电流强度决定了锯子的不同用途。冲程从 12～25mm 不等，冲程越长，使用越便捷。为了更好地切割，一些曲线锯可以调整成轨道或圆形切割模式。锯片必须根据待切材料的种类与切口形式来选择，但必须使用锋利的锯片。如今的曲线锯大多都配有转速调节器。

曲线锯的锯片和手锯锯片一样，锯齿排列越密，切口就越平滑。有特殊的钢锯条可用来切割金属。大多数锯片的冲程是向上的，但也有特殊的锯片冲程是向下的，用以切割塑料复合台面的水槽开孔。图 4-48 是几种常见的曲线锯锯片。

图 4-47　使用曲线锯切割

图 4-48　不同的曲线锯锯片

用曲线锯切割时工件要固定牢靠，并应先画好清晰的线引导操作者切割。操作者须始终佩戴护目镜，并握紧锯子。从工件背面下刀，以合适的速度把锯子送入工件，避免锯片被卡住。锯子会切割出曲线，但是急弯可能需要用到钢丝锯条。曲线锯不允许上下振动，为了避免这种情况，锯子向前移动时，需将锯子向下紧压。

4.2.3　往复锯

往复锯锯片来回进出的运动模式与曲线锯类似（图 4-49）。但往复锯体形与功率都较大，通常用来做翻修工程，它可以切断墙体骨架中的钉子，在墙体梁板上开口来放置水管或线管，或在楼面板上开口以放置暖通管道。往复锯通过扣动扳机来启动电机，且对大多数往

图 4-49　往复锯

复锯来说，扣动扳机越重，锯片往复运动得越快。锯片可以根据实际切割情况决定安装方向。

往复锯的锯片类型较多，锯片长度为 100～305mm，制作材料包括多种类型的合金。锯齿也有较多类型，锯齿越少的锯片切割能力越强，可以切割金属材料（图 4-50）有些特殊的锯片可用于切割树枝或切割水泥板。

由于往复锯很重，因此向下切割时，依靠其自重就足够了。在切割墙骨柱与底梁板之间的钉子时，可把锯片平放在底梁板上，再伸入构件之间切割即可（图4-51）。往复锯锯片具有一定柔性，切割时可弯折一定的角度，而往复运动并不会因此受到阻碍。

图 4-50　切割金属

图 4-51　往复锯在狭隘空间使用

4.2.4　电钻

电钻的尺寸是根据适合夹头（电钻前端夹住钻头的机件）的最大钻杆直径确定的。最常用的 3 种电钻尺寸为1/4in、3/8in 和 1/2in（6mm、9mm 与 12mm）。大口径的电钻拥有更大的扭矩、更慢的转速与更大的功率。它们通常配有一个主握把与一个辅助手柄以便操作者能牢固握持（图 4-52）。较大的电钻需要配套扳手紧固夹头，较小的电钻则不需要。

(a)   (b)

图 4-52   电钻

(a) 加装手柄的 12mm 电钻；(b) 9mm 电钻

    所有的电钻都是用扳机启动的，并有不同的转速，通常有 2 挡或 3 挡转速，应根据待切材料与钻头类型选择不同的转速挡位。高速挡位通常用于在木材或软金属上钻小孔；而慢速挡位则用于钻大孔或在砌体与钢材上钻孔。大多数电钻都带有反转功能，对解决钻头卡住的情况非常有效。有些电钻还带有锤击功能，可以辅助破碎砖石和混凝土。

    钻头有多种样式可选。高速旋转的钢制或钛合金标准钻头非常适合在木头、金属或复合材料上钻小孔（图 4-53）。如需在木材上精确钻孔，可选用带锚点的两刃钻头（图 4-54）。如需快速在木材上钻出大孔，则可使用木工扁钻头。为了钻出更精密的大孔，可使用中心带螺纹的三刃钻头。某品牌的钻头可以在木头或复合材料里钻出平底的孔（图 4-55）。该类钻头在使用时需使用安全夹或固定钻床。另外还有可以在木材中钻出深孔的螺旋钻头（图 4-56）。

图 4-53   标准钻头   图 4-54   带锚点钻头   图 4-55   某品牌钻头

    根据需要，电钻的钻头有很多选择，同时还有数量众多的配件。当需要开很大的孔洞时，例如门把手，有多种工具可以使用。比如砂磨鼓轮、砂磨盘、钻洞机、圆盘刀、铣刀、钢丝刷、油漆搅拌器和锉刀等。如需在瓷砖、玻璃和砖石上钻孔，也有专门的钻头。

图 4-56　不同类型的钻头

4.2.5　电锤

为了提高在砖石或混凝土中钻孔的速度,可以让电钻的旋转作用再配以捶击的作用,电锤就是这样一种工具(图 4-57)。有些电锤的冲击频率高达每分钟 50000 次,可以有效地破碎混凝土。重型的旋转式电锤采用 SDS 钻头(图 4-58),通过头部的下压回弹安装,免去了用扳手安装的不方便。混凝土钻头顶端的镶硬合金齿非常坚硬,它冲击旋转的同时可磨掉混凝土。电锤通常配有一个深度调节拉杆。

图 4-57　电锤

图 4-58　电锤用 SDS 钻头

4.2.6　螺钉枪

图 4-59　石膏板螺钉枪

螺钉枪是石膏板电动起子的通用叫法,但它除了能固定石膏板之外,还能为地板打螺钉。其外观类似电钻,只是有不同的夹头夹住螺丝钻头(图 4-59)。螺钉枪有一个预设深度,可使得螺钉打在石膏板的表面以下但又刚好不破坏纸面。大多数螺钉枪都会高速旋转,且扳机可被锁住。操作者专注于单手将螺钉喂给带有磁力的钻头,同时垂直将枪压向石膏板表面。压力促使离合器运转，螺钉从而被拧入。通常用拇指和食指来握住枪的顶部，再用手掌施加压力。有些螺钉枪可自动进给链带螺钉。

4.2.7 无线工具

当前，几乎所有的便携式电动工具都可以用电池供电，最常用的就是电钻和电动起子。虽然仍有使用镍镉电池的无线工具，但如今最好的电池是锂电池。电池的电压从7.2～36V不等，它们以可供运转的安时数来分类。电压及安时数越高的工具，越适合建筑施工使用。无线工具最大的优势是便携性（图4-60）。由于没有电线的约束，施工人员能轻松地在脚手架与屋顶上工作。如果有几块备用电池，即可全天使用该工具。

电钻、冲击钻、螺钉枪、所有的电锯、研磨机、木工接合机和大部分的砂纸机均有无线式型号。维护无线工具与电池非常重要，同时需要让他们远离高温。

图 4-60 多种无线工具

4.2.8 木工专用工具

有多种专为细木工与家具制造设计的便携式电动工具，如电刨、雕刻机（电木铣）、修边机、木工接合机与砂纸机等。该类工具的应用可大幅降低木工的工作强度。

1. 雕刻机与台面修边机

雕刻机（图4-61a）开启时刀头高速旋转，它可以为家具修边，或为构件开榫眼以做出精确的接头。台面修边机（图4-61b）是雕刻机的一种小型版本，它主要用来为台面的塑料面修边。

(a)   (b)

图 4-61 雕刻机和台面修边机

(a) 雕刻机；(b) 台面修边机

2. 木工接合机

木工接合机（图4-62）可以在两片木材上分别开半圆形的槽，再将圆形的填缝木

图 4-62　木工接合机

片打胶后塞入其中一个槽，随后将其塞入另一个槽中使两片木材拼合，最后夹紧接头使其牢固（图 4-63）。

图 4-63　接合两片木材

3. 砂纸机

砂纸机有多种规格，可配合使用不同型号与颗粒目数的砂纸。砂纸目数表示其颗粒的疏密程度，也能说明完成面的打磨要求。粗糙砂纸的目数较小（50、60、80），中等砂纸的目数居中（100、120、150），而精细砂纸的目数较大（180、220、280），非常精细的砂纸目数会超过 300。小型砂纸机（1/4 张砂纸）按轨道运动，但是会留下划痕（图 4-64）。抛光砂纸机（1/2 或 1 张砂纸）以直线来回运动（图 4-65）。带式砂纸机一边快速旋转一边打磨（图 4-66）。盘式轨道砂纸机可向各个方向上随机运动，其砂纸装在一个圆盘上快速转动，打磨后的完成面非常平滑（4-67）。圆盘搭扣在砂纸机的底部，其上带有孔洞可将尘屑导向集尘袋。

图 4-64　小型砂纸机

图 4-65　抛光砂纸机

图 4-66　带式砂纸机　　　　　图 4-67　盘式轨道砂纸机

4.2.9　气动工具

气动工具包括气钻、起子、砂纸机和角磨机，其中以气动结构钉枪最为常用（图 4-68）。所有的这些工具都需要空气压缩机、空气软管与调节器，但也有些无线气动钉枪使用的是二氧化碳气罐。

图 4-68　气动结构钉枪

木结构建造可用到结构钉枪（图 4-69）、屋面钉枪（图 4-70）、装饰钉枪与码钉枪。结构钉枪使用卷钉或排钉，钉子的长度从 50～90mm 不等，并镀膜以防生锈。卷钉为麻花钉，以提供更好的抗拔力，可用于结构构件与覆面板的安装。

图 4-69　无线气动钉枪　　　　　图 4-70　气动屋面钉枪

屋面钉枪用来固定沥青瓦，通常为卷钉枪。配套的屋面钉钉头大而扁，钉身经过电镀锌处理以防生锈。装饰钉枪和码钉枪用来做室内细木工，如安装橱柜与家具（图4-71）。

图 4-71　气动码钉枪

4.2.10　火药钉枪

火药钉枪又称射钉枪（图4-72），用于将木材与钢材或混凝土连接。使用时先将钉子放置在枪膛内，并将撞针放在预备位置；随后压低钉枪的前端，扣动扳机释放撞针，撞针会撞击火药药管，火药随机爆炸并击出钉子。钉子的初速度较低但冲击力却很大，足以使其冲入钢材或混凝土中。由于使用火药，因此在使用火药钉枪前必须对使用者进行培训。选用合适的钉子对使用钉枪非常重要。

图 4-72　火药钉枪

使用火药钉枪时，个人安全装备非常重要，护目镜、听力保护装备与防尘面具都是必需的。火药钉枪虽有双保险的安全功能，但决不允许把它指向他人。枪维护工作也很重要，因为不清洁的火药钉枪会出现卡壳与走火，从而引起不必要伤害。

4.3　固定式电动工具

固定式的木工电动工具有较多类型，但是大多数都用于制作橱柜、台面或其他家具的工厂。在木结构建筑施工现场上使用的固定式工具通常都会装有轮子，以便于在施工中移动。木结构建筑施工中主要用到是台锯和斜切锯。

4.3.1　台锯

在建筑工地上最常见到的就是台锯，可以分为固定台锯（图 4-73）和移动台锯（图 4-74）。台锯可分为：小规格桌面台锯（轻巧紧凑，但是需要一定高度的台面来放置）；台面较大的中规格台锯（锯切宽度为 600mm），自带一体式可折叠滚轮；大规格台锯体形最大，其台面宽阔且装有稳妥放置台锯的滚轮或可移动底座，同时还拥有可伸展的护栏，锯切宽度达到 900mm。用于房屋建造时，这 3 种台锯都应使用直径为254mm 的锯片。

图 4-73　固定式台锯　　　　　　　　　　　　图 4-74　移动式台锯

为了保障人身安全以及良好的切割质量，施工时选择合适的台锯非常重要。台面较小的两种台锯会限制所切材料的尺寸，同时影响切割的安全性和精确度。虽然通过建造工作台面可以提高切割的精确度，但是出于安全与精确度的考量，最好还是使用最大尺寸的台锯。但即使使用大规格台锯，操作员在切割时仍需一个同伴来扶住木材，或者建造一个扩展工作台面。台锯越大，对配备的锯片护罩、滑轨与靠栅的要求就越高。

台锯应放置在开阔的场地，保证有足够的操作空间。切割前应确保台锯的水平和稳固，同时台锯四周地面应平整、防滑，以保证设备的稳定。施工人员如果在转动的锯片周围滑倒极易发生伤害事故。在施工现场，护罩应时刻罩住锯片。使用台锯应遵守以下规定：

（1）穿着紧身的衣服，不要佩戴首饰；

（2）穿着必要的个人防护装备；

（3）锯片仅高出待切工件 6mm；

（4）锯片后要放置一个防反弹齿；

（5）靠栅或角度尺（图 4-75）需二者选一（严禁用手）；

图 4-75　台锯角度尺

（6）如用手推动工件穿过锯片和靠栅之间，则工件的最小尺寸应为 125mm 宽，250mm 长；

（7）待切工件越窄，越是需要使用推把；

（8）不要越过锯片上方取东西；

（9）当需要用锯片切割斜面时，锯片的倾斜方向应为远离靠栅的方向；

（10）不要同时使用角度尺与靠栅；

（11）用垫板来确保工件的稳定性，工件与台面和靠栅要紧密接触；

（12）横切小工件时应使用双槽的横切辅助靠栅；

（13）使用限位块来辅助重复切割同一尺寸的工件；

（14）切割较大板材时，应有同伴配合，确保切割过程中工件始终贴紧靠栅。

4.3.2　斜切锯

电动斜切锯给木结构行业带来了巨大的变化，它原本是为了细木工设计的，但现在已成为整个木工行业的必备设备。它有两种基本类型：锯片向下正切或斜切的复合斜切锯、能够滑动切割的滑动复合斜切锯。

复合斜切锯（图 4-76）的规格根据其锯片的直径来分，包括：216mm、254mm 与 305mm；无线斜切锯的锯片尺寸为 90mm。最大的锯片可以正切一根 40mm×185mm 或 90mm×140mm 的规格材，或 45°角斜切一根 40mm×140mm 或 90mm×90mm 的规格材。它可以向左右两侧倾斜，并斜切出利落的切口。此外，斜切锯配套的滑动靠栅可为大规格材料提供良好的支撑。

滑动复合斜切锯（图 4-77）拥有强大的切割能力。它能以 90°角切割一根 40mm×380mm 的规格材，或 45°角切割一根 40mm×285mm 的规格材，其操作顺序如下：

（1）把工件向背部的靠栅紧压；

（2）把锯片完全抬起；

图 4-76　复合斜切锯

图 4-77　滑动复合斜切锯

（3）按下开关启动锯片；

（4）稍作等待，直到锯片达到最大转速；

（5）压低锯片；

（6）向靠栅方向推动锯子，并切割工件。

为了切出利落的切口，可先把锯子降低到工件表面切出 3mm 深的浅痕，然后再一切到底。

保证斜切锯良好运转的要点包括：

（1）保持锯片锋利；

图 4-78　斜切锯工作台

（2）活动部件足够润滑；

（3）锯片护罩正常工作，以及工件有良好的支撑。

斜切锯通常会有厂家配套的工作台（4-78），但很多施工人员都使用自做的工作台。有些施工人员喜欢将斜切锯放在地上操作，但是使用工作台的切割效率与精确度更高。较好的做法是将作业的高度调到使操作者不需弯腰，如此即可减少操作者的疲劳度，从而提高工作效率。

新型号的切斜锯通常还带有工件夹具和激光切割定位装置。

复　习　题

1. 17.523m 等于多少 mm？

A. 1.7523mm　　　B. 175.23mm　　　C. 1752.3mm　　　D. 17523mm

2. 形状为一个固定三角形的角尺称为什么？

A. 直角尺　　　B. 快速角尺　　　C. 组合角尺　　　D. 木工角尺

3. 哪种工具能画出精确的较长直径圆圈？

A. 圆规夹　　　B. 圆规　　　C. 线和钉子　　　D. 分规

4. 哪种工具可用于将标在木材的角度转移到斜切锯？

A. 直角尺　　　B. 快速角尺　　　C. T 形可调角尺　　　D. 木工角尺

5. 确保墙体铅垂的最佳工具是哪种？

A. 铅锤　　　B. 1.2m 水平尺　　　C. 粉斗　　　D. 木工角尺

6. 哪种工具可在物体表面划出长的直线（长度大于 2m）？

A. 铅锤　　　B. 1.2m 水平尺　　　C. 粉斗　　　D. 木工角尺

7. 3 号内四角头螺丝刀是什么颜色？

A. 红色　　　B. 黄色　　　C. 绿色　　　D. 黑色

8. 哪种剪可以用来剪切出朝左弧线？

A. 铁皮剪　　　B. 红色航空剪　　　C. 绿色航空剪　　　D. 黄色航空剪

9. 哪种手锯可用于切割金属？

A. 手锯　　　B. 弓锯　　　C. 拉锯　　　D. 钢锯

10. 直角羊角锤的显著特征是什么？

A. 锤头弯曲，锤击面平滑，锤柄短　　　B. 锤头平直，锤击面平滑，锤柄短

C. 锤头弯曲，锤击面粗糙，锤柄长　　　D. 锤头平直，锤击面粗糙，锤柄长

11. 木工刮刀与油漆刮刀的区别是什么？

A. 没有刀柄　　　B. 刀柄短小　　　C. 刀柄可更换　　　D. 弯曲的刀座

12. 哪种码钉枪可用于楼板覆面卷材的安装？

A. 手压式钉枪　　　B. 锤击式码钉枪　　C. 敲击式码钉枪　　D. 气动码钉枪

13. 最适合用于测量长度为 2.5m 构件的工具是以下哪个?

A. 直尺　　　　　B. 卷尺　　　　　　C. 手动卷尺　　　　D. 粉斗

14. 哪种工具可以深入木头并卡住钉帽后拔出钉子?

A. 起钉器　　　　B. 扁撬杠　　　　　C. 钳子　　　　　　D. 撬棍

15. 使用电圆锯将 1220mm×2440mm 的 OSB 切割成 100mm 的木条时,最好的辅助工具是什么?

A. 快速角尺　　　B. 靠栅　　　　　　C. 木工角尺　　　　D. 电圆锯夹条

16. 哪种锯可用来切割钉子,从而移动已立起的墙体龙骨柱?

A. 电圆锯　　　　B. 曲线锯　　　　　C. 往复锯　　　　　D. 钢丝锯

17. 操作台锯时什么时候需要使用推把?

A. 当木纹与锯片平行时　　　　　　B. 当木纹与锯片垂直时

C. 当切割的工件窄于 125mm 时　　　D. 当切割的工件窄于 250mm 时

18. 使用台锯横切出同样长度的木条时,最好的辅助工具是什么?

A. 靠栅　　　　　B. 推把　　　　　　C. 角度尺　　　　　D. 限位块

19. 哪种工具最适宜用来切割室外转角线条?

A. 台锯　　　　　B. 电动斜切锯　　　C. 雕刻机　　　　　D. 曲线锯

20. 使用斜切锯时,下列哪种方法可以切割出光滑完整的表面?

A. 根据激光线来切割　　　　　　　　B. 首先切入木件表面 3mm

C. 当锯片半速转动时切割木件　　　　D. 使用夹件固定住木件

教学单元5

施工步骤

5.1　轻型木结构房屋施工步骤

5.1-轻型木结构建造过程

建造房屋是一个比较复杂的系统工程，应当对每一施工阶段进行系统规划、有效组织并合理实施。

通常，各个施工阶段之间具有严密的传承关系，每一施工阶段的顺利程度一般取决于前一阶段的完成情况，但有时也可有 2 个或多个施工阶段同时进行，以缩短工期。

本部分尾处以在加拿大建造一幢 $160 \sim 200\text{m}^2$ 房屋为例，对每个施工阶段所需时间进行了归纳。在实际工程中，施工进度往往会受建筑物面积、复杂程度、施工人员的技术水平、气候、材料供应和构造差异的影响。掌握建造木结构房屋的知识和经验，对于确保施工进度和质量具有直接的作用。

从目前在中国进行的一些木结构项目中可以看出，中国施工人员的技能水平相当娴熟，已经接近有多年木结构建筑施工经验的国家和地区的水平。

一般来说，木结构房屋的建造主要有以下过程：

1. 前期准备

该阶段的主要任务是：规划设计、筹集资金及获取各种工程许可证。不同地区、不同发展水平和不同房屋类型的设计规划、材料和成本估算、资金筹集，以及获取各种必需的许可证和其他审批文件所需的时间各异，有时可能会耗时数周甚至数月。正因为如此，建造一栋典型的木结构房屋的工期一般并不包括前期准备所需要的时间。

场地规划的任务是确定房屋在建筑现场的拟建位置。对于单体设计相同的住宅区场地规划选择余地较少，故无需多少时间。建筑布局主要应满足防火、日照、交通及疏散等要求。对于较为开阔的场地和按客户要求设计的房屋，房屋的位置确定应充分利用阳光和主导风向的资源以利于节能，同时良好的排水功能和景观视野也是需要考虑的重要因素。

2. 现场放样

首先应根据规划和设计图纸在施工场地实施定位放线，标记建筑物的位置和高程，以便地基的开挖和基础施工。在这一阶段，合理的布置比精度更为重要。对于所要开挖的区域，必须矫正对角线尺寸，以保证所开挖区域方正。

3. 地基开挖

地基开挖可在现场放样后立刻进行。开挖的深度要参照设计图纸，且满足排水要求。基础和基础底板（若需要的话）的开挖区域应平整，并在其周边为排水留 1m 的作业空间。另外应保证基础下的土壤为原状土，否则应采取包括夯实在内的一些必要措施。

地基开挖所需时间因建筑物的大小、地基的土质状况、地沟开挖量和对各种预埋设施要求的不同而不同。如果遇到软土地基或地下水位较高的状况，必须考虑其他的解决办法，否则可能会耽误工期。施工监理通常会要求对这一阶段的施工进行验收，并可能需要岩土工程师提出相应的建议。

4. 基础、基础墙与基础底板

基础施工的工期通常取决于基础的类型。基础一般由钢筋混凝土材料的基脚和基础墙组成。基础施工通常分为2个阶段。但对于单块现浇混凝土筏板基础来说，则可作为一项作业来完成，这种基础施工所需的时间也相对较少。对于砌块或砖基础来说，所需的时间可能会较长一些。

在中国，特别是在地下水位较高或排水不畅的地区，一般会在基础墙上设置架空混凝土板作为首层楼板，并不使用木质楼板。这种混凝土板可以是预制的，也可现场浇筑成型，下方一般是通风的爬行空间（通风架空层）。除了基脚加基础墙的基础做法，还有一种做法是将整体式的基础板直接浇筑于地面并对需要提供更大基础承载力的部分进行加厚处理。常用于地下水位高、土壤排水不畅和地震高发地区。

基础施工的主要步骤是：

（1）基础的放线水平校准；

（2）搭设混凝土模板；

（3）预埋水电管线；

（4）绑扎钢筋；

（5）浇筑混凝土；

（6）找平并安装锚栓；

（7）混凝土养护；

（8）拆除模板。

基脚和基础墙的所有尺寸及平整度应精确。尺寸不准确的基础将极大地影响建筑物结构的规整和水平度。浇筑混凝土墙之前，监理应对整个地基基础进行验收。

接下来的作业包括实施基础墙外部的防潮和防水构造，基础墙周边和其他排水系统的安装，以及对基础墙的土方回填。基础墙土方的回填必须在混凝土具有一定强度后进行。基础和排水性能的验收通常在回填之前进行。

地下室地面混凝土板的浇筑在铺设砾砂层和防潮层、布置地下室排水系统和埋设钢筋之后进行。在有地下室和架空层的情况下，混凝土板的浇筑在木结构结构框架建造的前后进行皆可。在木结构框架建造后再进行浇筑的优点是混凝土板的浇筑可不受气候干扰，但不利之处是混凝土的搅拌、运输和浇筑受到空间限制。

基础和混凝土板施工进度取决于建筑物的大小、土质和施工现场的情况（包括排水、基础和混凝土板的类型等），一定不能因为赶进度而牺牲质量。基础必须严格按照技术标准建造，因为其决定了上部木结构框架结构的质量，基础属于隐蔽工程，一旦建造好就不可再改变。

更多关于基脚、基础墙和混凝土板（包括整体浇注混凝土板）施工的知识参见第

6.1 节。

5. 框架建造

在中国许多地区，木框架通常搭建在架空式混凝土底板、整体浇筑混凝土底板或混凝土地板的基础墙上。底板为首层墙体的建造提供了施工平台。防腐处理的地梁板通过锚栓锚固于混凝土板（或基础墙），构成木结构框架与基础墙的连接。要求在地梁板和混凝土板之设置防潮层。

另外一种施工方法是，直接将经防腐处理过的地梁板（加防潮层）锚固在基础墙的顶部。地梁板之上是木结构搁栅，搁栅横跨楼层空间（中间按支撑要求设置梁或承重墙）。搁栅顶部覆以木基楼面板形成第一层木结构楼盖系统，并为第一层墙体的建造提供作业平台。

随后即可利用混凝土底板或木结构楼板作为作业平台，平放拼装外墙和内墙结构，拼装好之后即可立起就位并安装固定（图 5-1）。在上层楼盖或屋盖的建造之前，应利用第二层顶梁板将本层各墙体彼此连接。如有更多的楼层时，只要重复第一层的建造步骤即可。屋盖在和顶层墙体连接后，方可覆盖屋面板。屋盖通常使用工厂预制的木结构桁架。也可用屋脊板和木椽条来建造屋盖，但其建造速度往往要比使用桁架慢得多。复杂的屋盖结构可能同时采用桁架和椽条体系。

木结构框架的施工通常还包括楼梯建造以及在楼梯周围确保安全的临时扶手安装。在结构框架完成后应立即在屋面板上设置防水层、泛水材料与屋面瓦，以保证整体结构不受雨水侵袭，这一点非常重要。檐底板、天沟和落水管排水系统的安装可以在此阶段进行，或在外墙装修之后进行。与主体建筑物相连的经防腐处理的木结构露台，通常在主体结构完工后建造。

图 5-1 搭建木框架

木结构框架建造的分工组织因地而异。周密的计划安排，对员工进行专业知识、技能培训以及正确的施工步骤和质量监督措施都是需要考虑的因素。

轻型木结构房屋框架建造工期取决于建筑物的大小、施工人数的多少、设计的复杂性、天气情况以及电力供应等许多因素。

采用工厂预制构件会比现场组装节约工时。对木结构构件进行工厂化预制，在许多国家都较为普遍。工厂预制的范围可包括搁栅和过梁的预切割；桁架、楼梯的预制以及墙体（有开口和无开口两种）的预制，构件在工厂预制后再被运至施工现场安装，这也与我国大力推进装配式建筑的技术政策相适应。

图 5-2 安装窗户

6. 门窗

门窗的安装可以由木结构框架施工人员、木工或者专业人员负责实施（图 5-2）。一般是用钉子或螺钉将外门和窗通过钉连接方式和结构框架连接在一起，另外还必须安装五金件。使用成套的预装门会简化五金件的安装过程，提高施工效率。

7. 水电设备

水电设备的前期安装工作可紧接在木结构框架完成之后进行。风管、水管和电线的安装必须尽量保证不破坏木结构框架的整体性。墙骨柱、顶梁板和底梁板、搁栅和梁上所允许的开槽和钻孔的最大尺寸要求，应符合规范《木结构设计规范》GB 50005—2003 第 9 章的有关规定。

用作结构构件的工程木产品中开槽和钻孔的尺寸应根据产品说明确定。水电设备初步安装完成后需进行验收。在此阶段，住宅内所需安装的水电系统包括：

（1）暖气炉和热水炉，燃气和废气管道；

（2）建筑物内空气循环管道；

（3）制冷设备；

（4）热泵；

（5）用于浴室以及其他潮湿区域的专用排气扇；

（6）暖气或能量回收的新风系统；

（7）供水管接头到卫浴设备的上下水管道系统；

（8）浴缸和淋浴房；

（9）燃气管线；

（10）电力、加热、烟雾探测器、保安系统的配线；

（11）电话线和电缆线。

管道的安装一般比配线早，但上述的多项作业一般可以同时进行。

8. 外部装修：

（1）屋顶和外墙：屋面覆盖材料应在屋面板铺设完成后立即安装，以避免或尽量减少内部结构暴露于自然界的时间。如木构件表面偶尔受潮或有少量雨水，并且很快干燥，一般没有大碍。因此应根据设计要求，在屋面板上尽快铺放防水卷材，并且应在建筑物构件交界处以及屋檐檐口安装泛水板。屋面材料的选择包括玻纤沥青瓦、黏土瓦、混凝土瓦以及各种形式的金属屋面材料等（图 5-3）。

建筑物外墙应安装防潮层（如呼吸纸），以抵抗风和雨的侵袭。在墙体开口处的上方应设置泛水，有些泛水还会装在窗体之下。在多风雨的地区，应优先使用防雨幕墙系统。

图 5-3　安装屋面瓦

理想状态下，外墙外饰面应在填充外墙保温材料和室内装修完成之前进行，以保证外界的潮气不会进入并滞留在墙体的空腔里。不过，这在很大程度上取决于工程进度。在实际工程中，由于各种原因，外墙装饰的施工往往晚于保温材料和室内装饰的施工。但不管情况如何，应确保防潮层在保温材料和石膏板墙安装前一定到位，防止水分在墙体空腔内滞留，并减少由此引起的保温性能的降低。

外墙外饰面材料包括灰泥涂料、瓷砖、石材、木挂板或 PVC 挂板。门窗及其他开口周围的缝隙，应使用专用填缝材料处理。门窗及其他装饰线条的上色、上漆也应在此阶段完成。

(2) 保温层、气密层及防潮层

外墙墙体和阁楼的空腔内应填充保温材料。通常可用玻璃纤维或矿棉材料填充，材料可以是块状，填充至墙体或阁楼空腔，阁楼空腔也可以吹入絮状保温材料。

在寒冷地区，水气主要运动方向是从内向外，因此应在外墙的内侧、石膏板后方安装聚乙烯薄膜，以阻挡建筑物内的水蒸气进入墙体空腔。聚乙烯薄膜也可起到气密层的作用。另外应特别注意所有开口处的密封（例如电气盒和窗框周边的开口），确保所有开口处有一个连续的密封层以阻挡湿空气进入墙体空腔。

在湿热气候类型或者混合式气候条件下，水气传播方向主要为从外向内，所以水蒸气阻隔层应铺设在外墙的外侧。如此，一方面可阻挡来自室外的水气进入墙体空腔；另一方面还可以使空腔内可能存在的水气向较干燥的室内一侧蒸发。聚乙烯薄膜绝不能安装在外墙靠室内一侧，因为这将严重影响上述的水分干燥过程。

根据施工进度及构件类型，水蒸气阻隔层的安装在外装施工前、施工中、施工后均可进行，但矿棉类保温隔热材料不应暴露于风雨环境中，否则其保温性能会大大降低，因此最好先安装防潮层。

9. 内部装修

在油漆、安装橱柜及卫浴设备之前，需完成房屋内部的装修。内部装修包括：

(1) 吊顶和墙面板的安装（通常为石膏板）；

(2) 石膏板（包括吊顶）表面处理室；

(3) 内房间和储藏室门的安装；

(4) 门窗室内线条的安装；

（5）木质、PVC、复合材料地板、瓷砖或地毯等地板材料的铺设；

（6）楼梯与扶手的安装；

（7）踢脚线的安装。

上述大部分工作可同时进行，工期因选材和细节程度而异。部分内容可参考本书第5.2节。

10. 油漆、橱柜及电气设备

各项作业包括（以住宅建筑为例）：

（1）墙和吊顶的油漆；

（2）硬木地板和楼梯的装饰；

（3）厨房和浴室的橱柜、厨柜台面及防溅板的安装；

（4）上下水管道、电气插座、开关和灯具的安装；

（5）暖气炉、热水炉、通风设备的连接；

（6）炉灶、电冰箱、微波炉、洗碗机、洗衣机和烘干机等电器设备的安装；

（7）冷暖空调的送风回风口的盖板安装；

（8）住宅的最后清理。

上述大部分工序可同时进行，一般需要大约 2 周时间。该阶段是房屋建造的最后阶段，总验收可以在此阶段完工后进行。

11. 景观施工

景观施工是整个施工过程的最后阶段，此阶段主要包括：建造车道、台阶、人行道、地面、草坪，以及种花草树木等工作。其他作业可能还包括露天阳台及围栏的建造，以及安装植物喷水系统。此阶段一般在房屋主体施工完毕后进行。

12. 施工进度表

表 5-1 概述了房屋施工各阶段的顺序及所需的时间。

一般民宅的施工时间进度表   表 5-1

注：规划、筹资和许可证以及其他施工前的准备工作所需时间不定，它们取决于施工现场和房屋的特征。

与其他类型房屋相比较，轻型木结构房屋的优点之一是它的施工速度快。多年来加拿大和美国建造木结构房屋的经验，以及近几年来日本和英国大量建造所积累的经验都证实了这一点。

木材本身所具有的特性是上述施工优势的一个极为重要因素。木材轻巧、坚固，这使得木产品在施工现场易于搬运。木材也易切割、锯、刨，加工方便。另外，可以用钉子、螺钉、胶和其他的一些连接方法很快将木材连接在一起。木材可以制成不同类型的产品，也可制成具有特殊性能的工程木产品。

5.2　木结构建筑的建造流程

一个建筑工程项目立项、设计和施工经常是一项既繁琐又费时的过程，木结构建筑也是如此。不同地区会有不同的具体要求，更详细的信息应该直接从项目所在地的相关管理部门获得。本书就一般的木结构建筑项目作一些介绍，更细致的程序和解决方案还要向当地有关部门征询。

总体来说，木结构建筑项目的基本工作按照时间先后顺序可分为前期工作、设计过程、施工过程和交付使用等阶段，工作的主要内容如下：

1. 前期工作

主要有 3 项工作：一是提出项目建议书；二是编制可行性研究报告；三是进行项目可行性评估。

2. 设计过程

主要是编制设计文件，包括：规划、建筑、结构、设备以及其他专项设计文件。

3. 施工过程

主要有 2 项工作：一是施工前筹备，包括：招投标、制定施工方案、资源筹备、施工基础设施配置等；二是组织和施工，这也是整个建造过程中最重要的一环。

4. 交付使用

主要是竣工验收，交付业主使用。

这些工作环环相扣，每一部分的进行都依赖于前一项工作的完成。图 5-4 列出了一个典型的建筑项目经历的流程，从该流程图可以看出，项目的前期工作非常繁多，而且每一步都影响项目的走向。进入施工阶段以后，项目逐渐进入确定性比较强的阶段，做好施工组织和管理，按程序和图纸进行施工就可以保证项目顺利完成。

5.2.1　前期工作

1. 项目建议书

项目建议书是建设项目发展周期中的最初阶段，需要对工程提出一个整体的轮廓设

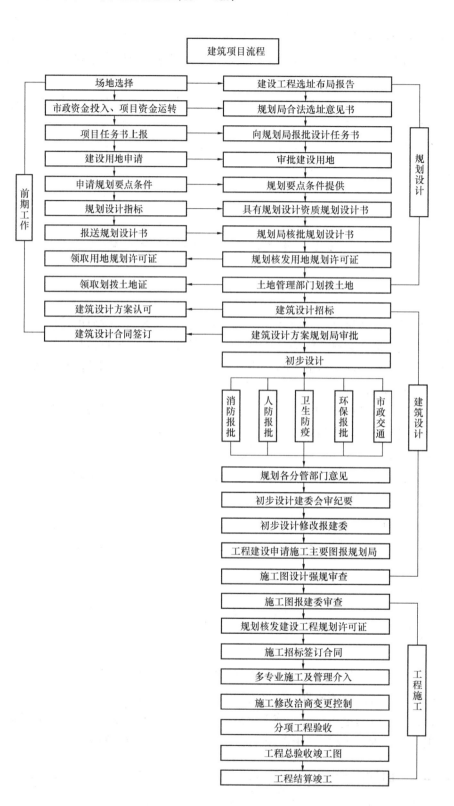

图 5-4　建筑项目流程

想，从宏观上考察项目建设的必要性，其主要作用是为选择建设项目提供依据。

2. 可行性研究报告

可行性研究报告，是指建设项目决策前，通过对项目有关的工程、技术、经济等方面条件和情况进行调查、研究、分析，对可能的建设方案和技术方案进行比较论证并预测建成后的经济效益。

3. 项目评估报告

项目评估报告，要对拟建项目的可行性研究报告提出意见，对最终决策项目投资是否可行进行认可，确定最佳投资方案。

5.2.2 设计过程

设计工作是一个建筑项目的关键环节。图 5-5 列出了与设计工作相关联的整个项目的流程。

图 5-5 建筑项目设计过程

1. 场地选择

建设者根据项目建议书的内容及业主的建设意图，着手收集、组织、整理、分析设计必需的基础资料，了解规划、土地、市政及环保有关部门的要求，木结构建筑的场地选择要注意场地的气候条件、排水情况、有无白蚁等。

2. 建筑规划

根据项目建议书及设计基础资料，提出项目构成及总体构想，包括：空间要求、空间尺度、空间组合、使用功能分析、环境保护、结构选型和体型、立面设想。为进一步发展实现设计提供依据。

3. 方案设计

方案设计的主要内容一般包括：总平面布置、建筑功能与建筑空间、建筑风格与环境、结构选型等。

4. 初步设计

初步设计是在方案设计基础上的技术性设计，但设计深度还未达到施工图的要求，小型或简单的工程可以不必经过这个阶段而直接进入施工图设计阶段。

5. 施工图设计

施工图需要表现工程项目总体布局、建筑物的外部形状、内部布置、结构构造、内外装修、材料做法以及设备、施工工法要求等。施工图要求图纸齐全、表达准确、内容详尽、要求具体,是指导工程施工、预算和管理具有法律意义的依据,也是进行技术管理的重要技术文件,完成的施工图需要提交给专门的审图机构进行审图。最终,施工图将报送当地建设主管部门以取得建筑工程施工的有关批文,然后进行施工的招投标并签订施工合同。

5.2.3 施工过程

1. 施工准备

从设计完成到正式开工之前,还有许多工作要做。主要是:

(1) 施工图通过审图机构和建委的审批,取得建筑工程规划许可证;

(2) 根据图纸制定预算并进行施工招标,确定总承包方;

(3) 申请并取得施工许可证;

(4) 现场准备,搭建临时设施,现场供水供电等;

(5) 由业主召集设计、施工、监理企业人员召开图纸交底会,共同对图纸提出疑问并进行解释。

2. 施工阶段

一个木结构的建筑项目从开始施工到施工完成需要经过多次的不同方面、部位和阶段的验收,每一步的验收都关系其他施工环节或影响整个工程。一般来说,主要的验收工作有以下几个:

(1) 地基开挖和验槽:由地勘单位以及设计院进行现场验收,确定基础定位放线等已达到规划与设计的要求。

(2) 基础施工和验收:设计(监理)单位对基础完成情况进行现场验收。如果木结构部分由其他分包施工,木结构施工队伍应对完成基础的尺寸、平整度以及预埋件等进行验收并完成移交。

(3) 主体结构施工和验收:设计(监理)单位及当地的质量监督站对结构主体的完成情况进行现场验收,验收合格,方可进行下一步施工。

(4) 隐蔽工程验收:设计(监理)单位对建筑的管道、电、设备等隐蔽工程进行验收后,才可以封石膏板和进行下一步的装饰工程施工。

(5) 初步验收:建筑完成后,业主、施工方、设计方、监理和其他相关各方将针对已完成的建筑进行初步验收。各方对建筑工程的整体完成情况提出检查,对存在的问题提出意见。对发现的问题,应在初步验收的会议上确定解决方案,并在竣工验收前完成整改。

(6) 消防验收:木结构工程的消防验收很关键。虽然木结构工程有国家和地方规范参照,但是由于许多地方的消防局对于现代木结构技术还比较陌生或持慎重态度,有时会对木结构消防验收工作提出更慎重的要求。

（7）竣工验收：竣工验收是整个项目完成的一个标志性节点。在整个项目之前的各部分、各阶段的验收都通过之后，就可以组织业主、设计方、施工方、监理方以及当地质监站进行项目的综合验收。在竣工验收前，注意要先进行施工现场的各方自检，对之前存在的问题进行彻底的整改。另外准备好竣工验收所需的各项资料，做好竣工验收前的准备工作。

3. 施工资料和后期工作

（1）施工资料：可分为施工质量保证资料、技术资料、安全资料；它包含了整个建筑物施工开始到结束所产生的文件内容，是施工全过程的记录文件，如联系外单位（建设、设计、勘察、监理等）的文件；记录工程的质量、技术及安全等情况（包括新工艺应用、原材料检测、检验）；保存施工时的安全信息和安全纠正内容（安全方案的编写、安全教育等）。施工资料的准确和完整对于整个项目的进行至关重要，不仅影响每一步和最后的竣工验收，还关系到施工后的项目决算等内容。根据资料分类不同，业主、施工方、监理都各自记录和保存部分施工资料，最终，这些资料将汇总到一起，形成完整的资料，连同竣工图纸一起到当地城建档案馆备案。

（2）后期工作：在完成竣工验收后，还有一些与施工过程相关的后续工作非常重要。首先，要针对已完成的项目进行最后的决算，决算的依据就是竣工图和施工签证资料。其次，要进行整个项目的移交，施工方应该制作整个工程项目的使用手册，便于业主了解整个建筑使用中的维护方法。最后，项目的资料要送至当地城建档案馆备案，然后办理产权登记手续。

5.2.4　使用过程

根据房屋功能和使用性质的不同，建设好的房屋会有不同的交付使用方法。商品房应在竣工后领取《商品房预售许可证》，制定销售、宣传、广告等计划，与用户签订商品房销售合同或租赁合同，并落实好物业服务。如果是公共投资的项目，使用者应配备专门的管理人员负责建筑的维护与设备管理等工作。在项目移交时，施工方应对业主的专门管理人员进行说明，使其了解整个建筑以及内部设备的使用和维护方法。

复 习 题

1. 以加拿大建造一幢 $160\sim200m^2$ 房屋的经验为参考，基础和基础底板的开挖区域应在其周边为排水留多大的作业空间？

    A. 1mm　　　　　　B. 1cm　　　　　　C. 1m　　　　　　D. 10m

2. 基础墙土方的回填必须在什么时候进行？

    A. 基础验收前　　　　　　　　B. 排水性能验收前

    C. 混凝土适当养护前　　　　　D. 混凝土适当养护后

3. 一个复杂的屋面结构采用哪种体系合适？

    A. 桁架　　　　　　　　　　　B. 椽条

    C. 同时采用桁架和椽条体系　　D. 随意

4. 湿热气候类型或者混合式气候下，水蒸气阻隔层应铺设在哪里？

A. 外墙的外侧 　　　　　　　　　B. 外墙的内侧

C. 内墙的外侧 　　　　　　　　　D. 内墙的内侧

5. 内部装修不包括以下哪种？

A. 墙面板的安装 　　　　　　　　B. 燃气管线的安装

C. 储藏室门的安装 　　　　　　　D. 地板的铺设

6. 木结构建筑项目评估是属于以下哪个阶段的工作？

A. 前期 　　　　B. 设计过程 　　　C. 施工过程 　　　　D. 交付使用

7. 编制可行性研究报告是属于以下哪个阶段的工作？

A. 前期 　　　　B. 设计过程 　　　C. 施工过程 　　　　D. 交付使用

8. 如果是想选用木结构，应在以下哪个阶段就要有所考虑？

A. 建筑策划 　　B. 方案设计 　　　C. 初步设计 　　　　D. 施工图设计

9. 建设单位报请施工图技术性审查的资料应不包括以下哪个内容？

A. 作为设计依据的政府有关部门的批准文件

B. 审查合格的岩土工程勘察文件

C. 全套装修计划

D. 全套施工图

10. 对于建筑主体的消防验收，除了检查建筑的防火分区、逃生通道、构件耐火等级是否达到要求外，还需要检查哪个部分？

A. 建筑间距 　　B. 建筑高度 　　　C. 建筑平面 　　　　D. 建筑外观

教学单元6

基　础

6.1 混凝土基础

根据木结构建筑空间构成的不同，混凝土基础有三种基本形式：完整地下室、架空层基础和地面混凝土底板（无架空基础）。

6.1.1 完整地下室基础

基础的埋深应根据地基条件和建筑室的布局来确定，在寒冷气候地区，应将基础最深处建于冻土之下，此时基础墙高通常大于等于2m。基础墙围成的空间可以用做使用空间，经济性好。因此带有地下室的房屋在寒冷气候地区比较普遍，而在气候温暖的地区则比较少见。

6.1-基础功能及类型

图 6-1 已完工的基础

全地下室的施工首先是将地基开挖延伸至地下1～2m的原状土，然后在地基周边浇筑基脚，在基脚四周铺装排水瓦管系统和砾石排水层。之后建造基础墙并在基础墙上铺设耐久性的防水膜，再用砂或砂土回填基础。在回填土上相继铺上不透水黏土层、表土层，最后用草覆盖。基础周围地面必须由基础向外放坡，坡度不小于6°，以便将水自然排离建筑物。基础顶部应至少高于室外设计地面300mm。

6.1.2 架空层基础

有些情况下木结构建筑也会使用架空层基础类型，这时需要在地面上铺设防潮层以保护上方的木材，同时在架空层安装通风系统以避免木材霉变。此外，应避免昆虫及小动物经通风孔进入架空层从而对建筑形成威胁。在寒冷气候地区，对于建造在一层楼板下方的架空层，最好进行保温和采暖处理。由于空间狭小，技术人员在架空层内部安装机械设备极为困难，因此寒冷气候地区架空层的建造已经越来越少。

图 6-2 架空层

6.1.3 地面混凝土底板

6.2-基础施工

地面混凝土底板也是一种常见的基础类型。为确保底板下方的地基土足以支撑上层结构，建造前需要咨询岩土工程师并进行地质勘察。

一种是带墙基的混凝土底板（图 6-3），基脚的建造深度应至原状土，然后在底板上浇筑混凝土基础墙或者混凝土墩。用原土壤回填基础墙内部区域，再铺上 150mm 厚直径约 19mm 的砂砾，并用平板振动夯压实（图 6-4）。这样不但为底板的浇筑提供坚实的底部，也可以阻止地表潮气通过毛细作用进行扩散渗透。在浇筑混凝土前，先在整个基部铺设防潮层，以阻止地面潮气渗透进入房屋。然后放置钢筋或焊接钢丝网，后浇混凝土，形成一块完整的钢筋混凝土底板。

图 6-3 带基脚的混凝土地板

另一种混凝土底板的建造方法是先挖开 200mm 深的表层土，然后在建筑四周为基脚挖出 600mm 宽和 600mm 深的基坑。在整个开挖空间填上约 300mm 厚的砂砾（直径 19mm 大小），并夯实达到工程要求（图 6-5）。图 6-6 是整体浇筑型混凝土底板的模板工程示意图。当建筑位于寒冷地区时，应在基础外侧设置保温层（图 6-7）。基础四周

图 6-4　平板夯

安装好模板，在砂砾层上安装防潮层，同时铺设钢筋和钢丝网。位于底板的所有水管、线管和暖气管，在浇筑混凝土前都应安装完毕。这种建造方法要求有非常详尽的图纸和严格的施工程序，包括卫生间和盥洗盆的确切位置。施工时，应在模板里侧上端钉一根水平条，或者将模板与事先标好水平线的基桩固定，同时在模板上标出锚栓的位置。此时可以同时浇筑基脚和楼面底板，形成整体浇筑式混凝土底板。

图 6-5　整体浇筑成型混凝土底板

　　如果在基础四周和内墙基础上方安装有混凝土矮墙，仍旧可以安装整体浇筑型混凝土底板的模板（图 6-8）。一次整体浇筑成型的混凝土板是最佳的基础做法，因为分两次浇筑的混凝土无法完全形成一个整体，它们之间的施工缝会减弱基础的整体强度。此外，一次整体浇筑可以允许将锚栓预埋在混凝土底板中。

　　通过使用盒状的混凝土模板体系可以浇筑出平整光滑的混凝土表面。用 2×6 的木材做成"模板盒"，可形成 140mm 高的矮墙（图 6-9），盒状模板的外尺寸与房间的内尺寸相同。图 6-10 是带矮墙的整体浇筑型混凝土底板剖面示意图，图 6-11 是矮墙模板节点构造示意图。

图 6-6　整体浇筑型混凝土底板的模板工程

图 6-7　寒冷地区的整体浇筑混凝土底板

图 6-8　整体浇筑的混凝土底板

图 6-9　基础上的矮墙

图 6-10　带矮墙的整体浇筑型混凝土底板剖面

图 6-11　矮墙支模板的节点构造

6.1.4　排水

　　建筑周围的地面放坡和散水可以用来排走大部分的雨水和地表水，但仍有部分地下水会渗入基础附近的土壤。基础墙渗漏的现象最可能发

6.3-基础排水

生在长时间持续的雨季或融雪时期。

基础附近的地下水通常是通过沿基础底部外沿预埋的多孔管道排入排水系统，并最终将水排入暴雨排水管、排水渠或干井（图 6-12）。多孔排水管表面应由过滤网格布包裹，上侧由砾石层覆盖。

顶部和侧面至少覆盖150mm厚的碎石或粗砂砾材料，这些材料通过4mm(No.4)筛子的颗粒总数不得超过10%。

多孔塑料排水管或间距为6~10mm的对接瓦管，对接瓦管接缝的上半部分用0.10mm聚乙烯或No.15沥青或饱和焦油毡覆盖。

排水管或瓦管的最小直径为100mm，安装时其顶部应低于楼面的底部。

图 6-12 基础底部排水

在土壤排水性差或高水位的地方，必要时可能需要安装特殊的排水系统或污水泵。

6.2 木结构与基础的连接

连接木结构和基础的主要木质构件叫做地梁板。地梁板直接支撑在基础墙上，最小尺寸为 40mm×90mm。由于地梁板长期与潮气接触，故需使用防腐木，并通过锚栓把地梁板和基础连接在一起。锚栓的直径是 12mm，一般为 L 形或 J 形（图 6-13）。根部带弯钩的锚栓可增强与混凝土的锚固力，当旋紧螺母时它们不会发生转动。锚栓在混凝土里的最小埋深是 300mm，每根地梁板两端距离端部 100~300mm 应设有一根锚栓，除此之外中部螺栓设置间距为 2m。锚栓伸出基础不小于 70mm。

当基础墙或者围护墙比地梁板宽时，需要在墙顶事先弹一条墨线，用来标记地梁板的位置。每片地梁板应预切好相应尺寸，通过锚栓锚固于基础。测量弹线位置到每个锚栓中心的距离，贴着锚栓的两边在地梁

6.4-防腐木地梁板

6.5-基础锚栓

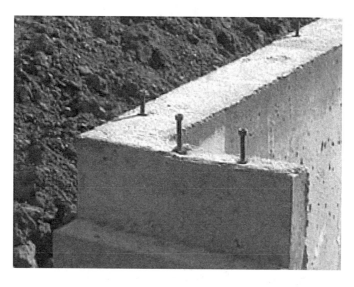

图 6-13 锚栓

板上画两条线，用这个距离标记锚栓孔洞的中心并钻孔（图 6-14）。为了安装便捷，对于直径为 12mm 的锚栓，预钻孔应为 15mm。在固定锚栓螺母前，需要在锚栓上套一个内径为 12mm 的垫片。

图 6-14 安装地梁板详解

在放置地梁板之前，先放置好防潮垫（空气密封垫），必要时还要安装白蚁屏障（图 6-15），然后再安装地梁板。需要特别注意的是，在安装结束前，应确保基础墙顶部是水平的（允许误差在不大于±6mm）。

安装地梁板前的最佳准备步骤是：

（1）清理墙体顶面，在其上按"S"形蜿蜒涂抹隔声密封剂；

（2）在密封剂上按压一层闭孔乙炔泡沫防潮垫；

6.6-防潮垫

图 6-15 地梁板下方的白蚁屏障

（3）在防潮垫上再次按"S"形涂抹密封剂；

（4）在这层密封剂上放置不生锈的白蚁屏障，白蚁屏障需预先钻好放置锚栓的孔洞。在转角处斜接并包住转角；

（5）在白蚁屏障上涂抹密封剂；

（6）放置预先钻好孔的地梁板，使之穿过锚栓并与密封剂接触用螺母和垫片固定住地梁板，并密封螺栓孔周边空隙（图 6-16）。

如果地梁板之上是楼盖搁栅系统，其封边搁栅及搁栅端部与地梁板都应为斜向钉连接。如果地梁板之上是墙体，则墙体的底梁板要预先钻孔，并与地梁板固定并密封。墙面板下沿应超过底梁板 30mm 并固定于地梁板上（图 6-17）。

图 6-18～图 6-20 是地板梁与基础连接构造的举例。

图 6-16 地梁板与基础连接并密封

图 6-17 地梁板紧固到基础上

目前也有其他型号的锚栓，其中有些不需要钻孔。有些锚栓是为了地震带而特别设计的，对于地震荷载有很好的抵抗作用。

图 6-18　地梁板的抗拔连接构造（一）　　　　图 6-19　地梁板的抗拔连接构造（二）

图 6-20　柱脚连接构造

复 习 题

1. 下列哪一项不是在中国做房屋基础的方法?

A. 混凝土架空层基础　　　　　　B. 混凝土板基础

C. 防腐木基础　　　　　　　　　D. 全地下室基础

2. 木结构房屋基础顶面高于室外设计地面的最小尺寸是多少?

A. 100mm　　　　B. 125mm　　　　C. 250mm　　　　D. 300mm

3. 混凝土整板基础的下方一般选用什么做支撑材料?

A. 19mm 的砂砾　　　　　　　　B. 焊接钢筋网

C. 聚乙烯防潮膜　　　　　　　　D. 挤塑聚苯乙烯

4. 木结构墙体和混凝土基础使用什么连接?

A. 锚栓　　　　　　　　　　　　B. 防腐地梁板

C. 直径 12mm 的钢筋　　　　　　D. 混凝土钉

5. 门口开洞处的混凝土模板应放置?

A. 模板盒　　　　B. 防水层　　　　C. 垫板　　　　D. 锚栓

6. 白蚁屏障的上下面是什么?

A. 防潮垫　　　　　　　　　　　B. 隔声密封剂

C. 隔声密封剂在上, 混凝土在下　　D. 地梁板在上, 防潮垫在下

7. 对于直径为 12mm 的锚栓, 应使用多大尺寸的钻头在地梁板上钻孔?

A. 12mm　　　　B. 13mm　　　　C. 15mm　　　　D. 20mm

8. 锚栓的最大间距是多少?

A. 1.2m　　　　B. 1.5m　　　　C. 1.8m　　　　D. 2.0m

9. 锚栓在混凝土基础中的最小预埋深度是多少?

A. 200mm　　　　B. 300mm　　　　C. 400mm　　　　D. 500mm

10. 锚栓至少应高出混凝土基础多少?

A. 40mm　　　　B. 50mm　　　　C. 70mm　　　　D. 100mm

教学单元 7

平台式结构

7.1 楼盖结构

平台式木结构建筑的首层地面楼板可以使用混凝土，也可以使用典型的轻型木结构楼盖。楼盖搁栅固定在建筑物基础上方的地梁板上，如需额外支撑，则可选择加梁或承重墙。楼盖搁栅端部的最小支座搁置长度≥40mm，因此地梁板的最小尺寸为 40mm×90mm。此时，除去楼板封边板的 40mm 厚度，还有 50mm 作为搁栅支座搁置长度。图 7-1 是楼盖系统详图。

7.1-楼板功能及材料

图 7-1 楼盖系统详图

7.1.1 梁

如楼板系统下方需加一道承重墙支撑，其龙骨的最小截面尺寸也应为 40mm×90mm。该墙体的墙骨柱间距应和搁栅一样，且二者错位距离不得超过 40mm。如使用双层顶梁板时，可以忽略上述要求，搁栅可放在墙体上的任何位置。

7.2-梁

梁的一端可以搁置在基础的梁槽里。梁槽的尺寸需要满足≥90mm搁置长度，还需保证与木梁的端部与两侧之间留有≥12.5mm 的缝隙以使空气流通。当使用钢梁时，梁槽深度需使钢梁上沿与基础上沿平齐，或使木梁上沿与地梁板上沿平齐。钢梁顶面需安装一根木梁板，以做固定楼盖搁栅的钉连接衬板之用。图 7-2 是基础木梁及金属梁支座构造的举例。

组合梁的尺寸选用需考虑以下因素：

（1）规格材的树种和等级；

（2）支撑楼层的层数；

图 7-2　基础木梁与金属梁支座构造

（3）建筑物的宽度；

（4）规格材的截面尺寸；

（5）梁的片数；

（6）楼盖系统的外加荷载值。

图 7-3 为组合梁拼接方式。

图 7-3　组合梁拼接方式

7.1.2　搁栅

　　梁和地梁板安装就位后，下一步要在其上方规划布置楼盖搁栅的位置（图 7-4）。选择搁栅规格需参考楼盖搁栅跨度表。在上述例子中，建筑物进深为 8m。因此，减去

2片地梁板宽度和梁的厚度，然后除以2就可以得出梁两边的搁栅跨度了。

搁栅跨度＝[建筑物宽度(8000mm)−地梁板(2×90mm)−梁厚(4×40mm)]/2＝(8000−180−160)/2＝3830mm

使用SPF树种Ⅱc/Ⅲc等级材料，可能会得到2种答案，但净跨都是4010mm：一种是使用40mm×185mm规格材，间距300mm；另一种是使用40mm×235mm规格材，间距400mm。通常可根据具体库存和成本来选择材料。

图7-4 墙体上的楼盖搁栅

规划布置每根楼盖搁栅的位置具体步骤为：从建筑的一边开始测量，并在搁栅中到中间距位置向回20mm处（搁栅一半厚度）画记号。楼梯井或其他楼盖开孔结构需在地梁板和梁上同时定位。搁栅间距是由楼面板尺寸决定的，具体见表7-1。

搁栅间距　　　　　　　　　　　　　　　　　　　　　　表7-1

覆面板尺寸：1219mm×2438mm			
间距：2438mm÷间距的数量			
4	5	6	8
610	488	406	305

将楼盖搁栅在梁或墙体上方对接可使布置与安装楼面板的施工最为简捷（图7-5）。在搁栅对接处需加装一根40mm×90mm×400mm横撑以加固接头。安装搁栅时，应在梁上画线定位，斜向下钉，将搁栅钉在梁上。如搁栅下方无支撑，则必需使用金属托架，或在梁侧面加装一根托木。托木尺寸可为40mm×65mm或40mm×40mm，安装

时需在每根搁栅下方，都使用2根80mm钉将托木与梁连接。为防止搁栅在托架中产生摩擦噪声，应在托架上薄涂一层楼面板用结构胶。若使用工程木来做楼盖系统（如工字搁栅），则必须遵循制造厂商的安装说明。

图 7-5　搁栅与梁的连接

7.1.3　楼盖开孔

在楼盖系统做结构施工时，应先做开孔结构。开孔结构的尺寸一般在图纸上标注，也可以通过计算得出。楼梯井两侧与楼盖搁栅平行的搁栅叫封边搁栅，而另外两侧与楼盖搁栅垂直的搁栅叫封头搁栅。《木结构设计规范》GB 50005—2003 中第9.3.7条对是否使用双根封头搁栅有明确要求：开孔周围与搁栅垂直的封头搁栅，当长度在 1.2～3.2m 之间时，应用2根搁栅。同样，开孔周围与搁栅平行的封边搁栅，当封头搁栅的长度在 0.8～2.0m 之间时，应用2根封边搁栅。若开孔的尺寸超出规范规定，则必须通过计算确定，且通常会使用工程木。

开孔结构施工时为确保各连接节点的牢固，需遵循下列步骤：

（1）在画线处，首先放置并固定内侧的封边搁栅；

（2）再使用5根80mm或者3根100mm的钉子，垂直下钉，连接外侧封头搁栅；

（3）同步骤2，将开孔端部短搁栅与外侧封头搁栅连接；

（4）使用80mm钉子，间距300mm，将内侧和外侧封头搁栅固定，随后同步骤2，垂直下钉将内侧封边搁栅和内侧封头搁栅固定；

（5）最后用80mm钉子，间距300mm，将内侧和外侧封边搁栅固定。

7.1.4　木底撑、剪刀撑与横撑

　　根据各地规范与设计师要求，可能还需为封头搁栅和端部短搁栅加装金属托架。为防止搁栅扭曲变形，《木结构设计规范》GB 50005—2003中第9.3.15条（附录N.2和N.3）规定：封头搁栅应与楼盖搁栅采用垂直钉连接；楼盖搁栅应与地梁板或梁采用斜向钉连接。此外，如果搁栅跨度大于2.1m，就需安装连续的木底撑，或安装与楼盖搁栅同高的横撑或者剪刀撑（图7-6）。木底撑的最小尺寸为20mm×90mm，剪刀撑的最小尺寸为40mm×40mm，剪刀撑的两端用2根60mm长的钉子固定。根据图示来计算剪刀撑的长度和角度（图7-7）。间距为406mm的搁栅，内侧到内侧的距离为368mm。切割剪刀撑时，可先切一块横撑，长度稍短2mm，再利用该片横撑来找到剪刀撑的切割线。

7.4-横撑

可以防止搁栅扭曲变形的几种方法：
①搁栅与梁通过垂直钉连接，搁栅和支座通过斜向钉连接；
②支座附近使用连续木底撑；
③支座附近使用横撑(未显示)；
④支座附近使用剪刀撑。

注：当衬条或面板型吊顶装饰直接与搁栅相连接时，不需要使用木底撑。

图7-6　防止搁栅扭转

图7-7　剪刀撑的长度和角度

7.1.5 楼面板

楼盖系统结构做好后，下一步就是铺设楼面板（也称覆面板），使用的材料通常为15mm厚企口OSB（定向木片板）或胶合板。此时首先需检查封边板是否笔直，楼盖结构是否方正水平，并根据需要来做适当调整。随后的安装应遵循下列步骤：

7.5-楼面板

（1）从墙体向内量1.22m，用粉斗或墨斗弹一根线，使板边缘可与之对齐，并作为打胶的边界；

（2）打胶前应清理搁栅上的粉尘，一次打胶的量够铺设1～2张板即可；

（3）在整根楼盖搁栅上连续打一道胶（宽度约6mm），表面较宽处应"S"形打胶；

（4）为确保板与板接缝处的2张板边沿都能涂到胶水，应在板接缝处下方的楼盖搁栅上打2道胶；

（5）安装第一道板，应将板的凸榫边朝向墙体一边，凹槽边与弹的线对齐。安装第二道板时，应用手锤隔着垫木轻敲板边沿使其与第一道板贴紧。凸榫相较凹槽更易受损，因此板的方向应为凸榫朝向墙体，以避免锤子敲击凸榫。最后用钉子安装就位（50mm钉子，板边钉间距为150mm，板中钉间距为300mm）；

（6）在安装第二道楼面板前，应在已铺完的第一道板的板边凹槽里打一层薄胶，一次只打1～2张板即可。为防止胶外溢，只需打薄薄的一层（3mm）；

（7）轻轻将第二道楼面板敲打就位，敲击时可用垫木来保护板边凹槽。搁栅间距为300/400/600mm时，第二道的第一张板应使用半张板；

（8）安装每一道板都需要错缝。同时推荐在板间留出3mm缝隙，包括企口位置（使用小工具来确保空隙精确并始终如一）；

（9）应在结构胶凝固前把钉子都钉好。请遵循制造商的产品说明，保证凝固时间；

（10）如果使用的是表面及板边密封OSB板，则只可使用溶剂型胶。

注：某些结构胶产品对潮湿或冰冻的木材有效，但很多产品是无效的，因此最好参照厂商意见。如不确定，则最好等到木材干燥后再作打胶处理。

7.1.6 楼梯和楼梯井

在主体结构施工阶段，通常有必要建造一些楼梯以方便在各个楼层间行走，图7-8展示了楼梯的组成。

楼梯的构成尺寸较多，要求也比较精细，在施工时需要仔细计算。

第一个需要的尺寸就是总高度（房间层高），也就是从楼板完成面到上层楼板完成面的高度。然后将总高度除以200mm（规范允许的最大单位高度，单位高度＝踏步踢面高度），所得数字再取小数点前的整数（不要四舍五入），就是总的踏步数量。再将总高度除以总台阶数量就能得出确切的单位高度。单位高度必须在125～200mm之间。比较舒适的单位宽度（踏步踏面）是250mm，但是这个数字可作适当调整，最小为

图 7-8　楼梯的组成

210mm，最大为 355mm。而为了安全和舒适，楼梯角度应维持在 30°～38°。每级台阶的级高和踏步宽都应分别保持一致。踏步宽等于单位宽度加 25mm 的踏步口挑檐。

制作楼梯时，应在木工三角尺上找出标准的单位高度和单位宽度，旋紧卡扣，随后使用该木工角尺沿楼梯梁（通常为 40mm×235mm 或者 40mm×285mm）移动，画出楼梯切割线。然后用电圆锯沿线切割，最后用手锯收尾。对于梯段宽超过 900mm 的楼梯，推荐使用 3 根楼梯梁。

最底部的踢板高度应减去 1 个踏板的厚度，最顶部的踏板应减去 1 个踢板的厚度。在楼梯梁的底部应切一个槽以便放置 40mm×90mm 的挡块，该挡块的作用是确保楼梯梁与楼盖的连接节点足够牢固。用 80mm 钉子把连接挂板（通常为 15mm 厚）和每根楼梯梁钉在一起，然后再固定到楼梯封头板上（60mm 的钉子，间距 150mm），所以顶部一级踏板的表面到楼板完成面的距离就等于单位高度加踏板厚度。安装楼梯的一般顺序为：先安装第一个和第二个踢板，然后再安装第一个踏板，再是第三个踢板；再是第二个踏板，依此类推。每个踢板的下口会固定到下方踏板的背面，而上口会固定到上方踏板的底面。

7.2　外　墙　结　构

7.6-墙体的结构功能

墙体结构的基本构件包括梁板、墙骨柱和墙面板。

水平放置的梁板分为顶梁板、底梁板和连接固定相接墙体的 2 层顶梁板。墙骨柱按照固定的间距（300/400/600mm）竖向布置于顶梁板和底梁板之间，两端各用2颗至少80mm长的钉子钉入梁板。墙面板安装在墙体外侧，确保墙体框架的方正，避免变形；安装墙面板时，应使用50mm或60mm长的钉子；钉间距的要求为墙面板四周边沿钉间距150mm，板中钉间距300mm，钉子穿透墙面板钉入墙骨柱和梁板。墙面板可横向或竖向安装，当墙面板四周全部以150mm钉间距入墙体框架时，墙体具有最强的抗剪力。该做法要求在墙面板相接处的墙骨间放置挡块提供受钉背衬，在地震和强风频发的地区要求采用这样的连接形式固定。顶棚板和墙体框架内侧安装石膏板可以加强墙体结构的抗侧向力强度。

7.7-墙体结构组成及功能

7.2.1　墙体开口

当墙体开口尺寸大于墙骨柱的间距时，为避免顶梁板弯曲下沉，此时需要在开口处安装过梁（图7-9）。荷载通过过梁传递到支撑过梁的托柱，再径直向下传递到下方楼板系统的挡块，最后传递到基础。当墙体开口宽度小于1.5m时，开口两侧各需一根托柱支撑过梁；当墙体开口宽度大于1.5m时，开口两侧各需安装2根托柱支撑过梁。将过梁直接安装在顶梁板下方为较佳的施工做法。钉接过梁的要求为：2排钉连接，钉长90mm，钉端距100～150mm，钉间距450mm。

小于1.5m时，需单根托柱

大于1.5m时，需双根托柱

图 7-9　外墙的过梁

7.2.2　构件尺寸

1. 墙骨柱

如图7-10所示，确定墙骨柱的长度，需先设定墙体内侧石膏板的尺寸为1.2m×2.4m，厚度为12mm。首先完成吊顶饰面（为满足防火规范要求，吊顶饰面为两层12mm厚的石膏板）。墙面板横向安装固定到墙体龙骨，上下各一块。为允许结构构件的收缩，通常在楼面板处留15mm的距离。

由此可以得出墙体的高度为：12＋12＋1200＋1200＋15＝2439mm

骨架柱的总长度为：2439－3×（40）＝2319mm

2. 过梁

根据所承担的荷载，过梁可以由2～3片木材组合而成。另外工程木产品，如PSL、LVL、LSL等也可以用作过梁。

表7-2中列出了根据不同的房屋宽度和树种，2拼或3拼的过梁在支撑1层、2层和3层结构时可达到的跨度。最常用的木材是二级（No.2）云杉-松木-冷杉（SPF）。

图 7-10　确定墙体构件尺寸

过 梁 跨 度 表　　　　　　　　　　　　　　　表 7-2

过梁1		屋盖荷载标准值1kN/m²															
由2层木材制成的过梁		重型屋盖（恒荷载标准值1.0kN/m²），过梁支承一个吊顶（标准荷载作用下的挠度标准-跨度/250）															
		最大允许跨度（m）															
		40 x 90			40 x 140			40 x 185			40 x 235			40 x 285		
树种和		**建筑物宽度（m）**														
等级	支承	8	10	12	8	10	12	8	10	12	8	10	12	8	10	12
云杉-松-冷杉	屋盖	1.12	1.00	0.91	1.64	1.47	1.34	2.07	1.85	1.69	2.53	2.26	2.07	2.94	2.63	2.40
IIc 和 IIIc等级	屋盖+1层楼盖	0.92	0.82	0.72	1.34	1.20	1.09	1.69	1.51	1.38	2.07	1.85	1.69	2.40	2.15	1.96
	屋盖+2层楼盖	0.77	0.65	0.57	1.14	1.02	0.90	1.44	1.29	1.18	1.76	1.57	1.44	2.04	1.83	1.67
过梁2		屋盖荷载标准值1kN/m²														
由3层木材制成的过梁		重型屋盖（恒荷载标准值1.0kN/m²），过梁支承一个吊顶（标准荷载作用下的挠度标准-跨度/250）														
		最大允许跨度（m）														
		40 x 90			40 x 140			40 x 185			40 x 235			40 x 285		
树种和		**建筑物宽度（m）**														
等级	支承	8	10	12	8	10	12	8	10	12	8	10	12	8	10	12
云杉-松-冷杉	屋盖	1.36	1.23	1.12	2.01	1.79	1.64	2.53	2.27	2.07	3.10	2.77	2.53	3.59	3.22	2.94
IIc 和 IIIc等级	屋盖+1层楼盖	1.12	1.00	0.92	1.64	1.47	1.34	2.07	1.85	1.69	2.54	2.27	2.07	2.94	2.63	2.40
	屋盖+2层楼盖	0.95	0.85	0.77	1.40	1.25	1.14	1.76	1.58	1.44	2.16	1.93	1.76	2.50	2.24	2.04

7.2.3　施工过程

墙体组装的过程如下：

（1）沿楼面板四周边沿往里 90mm 处各弹一条粉线或墨线；

（2）将顶梁板和底梁板对齐放好，根据图纸在梁板上标示出所有墙骨柱、墙体开口和其他墙体构件的位置；

（3）将顶梁板和底梁板分开，底梁板对齐弹好的墨线放好，顶梁板放在与底梁板合适距离的楼面板上；

（4）将组合过梁与顶梁板固定。

（5）钉钉时应遵循以下步骤：

7.8-墙体组装

1）托柱→附加龙骨柱，短柱→托柱，墙骨柱和墙骨柱钉接 L 形转角；

2）附加龙骨柱→过梁；

3）顶梁板→附加龙骨柱；

4）底梁板→附加龙骨柱/托柱/短柱；

5）窗台梁→短柱；

6）底梁板和顶梁板→其他切割好的墙骨柱和转角；

7）1 层顶梁板→2 层顶梁板，预留连接距离。

（6）将底梁板对齐墨线，用 80mm 钉子斜钉将底梁板临时固定在楼板上，间距 1.2m。随后测量墙体框架对角线尺寸，调整顶梁板位置；墙体对角线尺寸一致时，用 80mm 长钉子将 2 层顶梁板临时固定在楼面板上（图 7-11）。

（7）用 50mm 长钉子安装墙面板，板边沿的钉间距为 150mm，板中钉间距为 300mm（图 7-12）。

图 7-11　在楼面板上拼装墙体

图 7-12　在楼面板上为墙面体封板

（8）此时已完成墙体框架和墙面板的安装。移除固定墙体顶梁板和楼面板的钉子。稍微抬起墙体，并在墙体下方垫几块 40mm 的木块。在完全立起墙体之前，清理干净楼面板上的残余木块和垃圾，同时准备好临时支撑的木材。

（9）立起墙体后，应用钉斜向钉住底梁板避免墙体的移动。墙体立起后，在用水平尺校正墙体垂直度之后，把墙体固定。

（10）采用同样方法立起其余墙体。在短墙上标示墙骨柱位置，同时将卷尺延长超过顶梁板端部 90mm(墙体厚度)，然后比准卷尺上的箭头中心内移 20mm,在顶梁板上做出标记。这样墙面板超出短墙距离正好盖住长的墙体，从而将相邻的短墙和长墙连接在一起。

（11）除了不需封墙面板外，内隔墙的安装与外墙体一致。当所有墙体组装完成并立起后，校正 4 个墙体转角，同时进行支撑固定。在一面墙体顶梁板两端下方各钉一块木块，在 2 块木块之间拉一根线。再用另一块厚度一样的木块，从一端开始贴紧墙面板和线之间，确认整个墙面板与线的距离一致。以不小于 2m 的间距用木条斜撑住外墙体。如果要将墙体往外校正，将斜撑上端放至墙骨柱上方，然后固定住斜撑底部，并将斜撑向下压。若是要将墙体往里侧校正，先将斜撑上下端分别放至墙骨柱下侧和楼面板底部，固定后向上拉斜撑进行调整（图 7-13）。墙体校正后用木块支撑住斜撑。

如果墙体安装在混凝土底板上，则需在混凝土底板上方事先安装防腐木地梁板，同时地梁板上必须钻孔与锚栓固定。墙体按照常规方式组装且安装好墙面板后，再根据地梁板上的钻孔位置在墙体底梁板相应位置钻孔，然后将墙体立起并安放在地梁板上，最后进行固定。要将墙体立起安装到位的同时保证墙体与防白蚁屏障之间的气密性是一件比较复杂的工作，需要周密操作。

图 7-13　校正墙体

遵循以下步骤也可以完成墙体的安装（密封胶→防潮垫→密封胶→白蚁屏障→密封胶→防腐木地梁板），先用垫片和螺母固定地梁板，然后在底梁板背面标识出螺母和锚栓的位置并钻孔，确保可以将底梁板水平地放置在地梁板之上。应根据图纸建造墙体，墙骨柱的尺寸应比上一种安装方法的墙骨柱短 40mm。

安装墙面板并将其超出墙体底梁板 40mm。在防腐地梁板上再涂抹一层密封胶，立起墙体并放置在地梁板上，用 50mm 长钉子以 150mm 间距将超出的覆面板钉入地梁板。钉接底梁板与地梁板的钉长为 80mm，按 400mm 间距以 30°斜角进行钉接固定（图 7-14）。

图 7-14　墙体与混凝土矮墙的连接

7.3 内墙和顶棚结构

7.3.1 内墙

内墙可将楼板空间分隔成多个房间。墙体上安装楼板或顶棚搁栅时,与搁栅垂直的内墙是承重内隔墙,与搁栅平行的是非承重隔墙。当屋面为桁架结构时,屋面下方的所有墙体都是非承重墙(图 7-15)。

当承重隔墙上有开口,且开口大于墙骨柱间距时,需要在开口上方安装过梁。使用跨度表,可以确定合适的过梁尺寸。

图 7-15 墙体类型

LBW—承重墙;LBP—承重隔墙;NLBW—非承重墙;NLBP—非承重隔墙

1. 龙骨的开口

承重墙墙骨柱开槽或钻孔的最大深度不得超过墙骨柱横截面的 1/3,例如一根 40mm×90mm 的墙骨柱可开槽或钻孔的最大深度为 30mm。对于非承重墙,开槽或钻孔后的剩余深度不小于 40mm。如需要矫直一根过分弯曲的墙骨柱,则可在墙骨柱的中间位置锯一个切口,再将其矫直;随后将一块打胶的 300mm 规格材或 OSB 板粘贴在锯口旁,最后用至少 4 枚 60mm 长的钉子进行加固。开了槽口或钻过孔的顶梁板也可以使用同样的方法进行加固。

图 7-16、图 7-17 是龙骨开口构造示意图。

图 7-16　墙体龙骨的开槽及钻孔

2. 内隔墙施工

内隔墙的施工方法与外墙一致，包括：单片底梁板、双层顶梁板、墙骨柱，但是无结构墙面板（有额外的抗剪强度要求）除外。在寒冷地区，聚乙烯薄膜作为蒸汽阻隔层，安装在墙体和吊顶的温度高的一侧；在双层顶梁板之间以及隔墙与外墙交接的地方也需铺上一层聚乙烯薄膜；应涂抹隔声胶并用码钉将这层薄膜和墙体及顶棚处的薄膜固定在一起。当隔墙与顶棚搁栅平行时，应以 1.2m 的间距在顶棚搁栅间的空腔内安装横撑，并与隔墙连接以保证其竖直且牢固；同时应在隔墙下方的楼板搁栅间的空腔内以 1.2m 的间距安装 40mm×90mm 的横撑以支撑墙体的荷载。

绝大多数隔墙是用 40mm×90mm 的规格材建成。如果在墙骨间要安装水管和其他机械设备，可能需要用 40mm×140mm 的规格材；在某些特定的位置，如有烟囱的地方，则需留出烟囱的开孔，并作保温处理。

D=墙骨柱的截面高度

开槽

如果墙骨柱承受荷载，最小 2/3D；如果墙骨柱不承受荷载，为 40mm

开孔

如果墙骨柱承受荷载，最小 $A+B$=2/3D；如果墙骨柱不承受荷载，$A+B$=40mm

提供：加拿大国家科学研究委员会
来源：1998年加拿大国家房屋规范和指南，p.7-12

图 7-17　顶梁板开孔位置的加固

对隔声要求高的部位，可以建造墙骨柱交错安装的隔墙，即使用 40mm×140mm 的梁板与 40mm×90mm 墙骨柱，墙骨柱以 200mm 间距在梁板上相互错位安装。如此可最大限度地减少墙体两侧之间的接触，且还可在空腔中填充保温棉以减弱声音的传递。

对卫生间的隔墙需要作特殊的处理，要布置具有防水防潮功能的背衬（图 7-18），浴缸周围也要做专门的背衬（图 7-19）。

3. 内墙门洞口

为了满足使用要求，需要为室内门在墙上预留出孔洞。孔洞宽度通常为"门本身宽

浴帘杆背衬

喷背衬

安装药柜的开口

水龙头背衬

电源插头背衬

安装卫浴的背衬板

浴缸上方
周围背衬

浴缸边背衬

底梁板

浴缸

浴缸剖面

楼面地板

图 7-18　卫生间墙体的不同背衬

墙骨

浴缸上方周围背衬

两片楼板格栅

楼板格栅

楼面地板

图 7-19　浴缸周围的背衬

度＋2 个门套的厚度＋2 个留缝的厚度"。例如一扇 810mm 宽的门，门套厚 20mm，那么门的预留孔洞宽度即为 $810＋2×20＋2×12＝874$ （mm）。

根据下述指导内容，可以计算出孔洞的高度：

（1）完成地板的厚度（～实木地板 20mm）；

（2）门底部与地板之间的留缝（～10mm）；

（3）门的高度（～2032mm）；

（4）上口门套的厚度（～20mm）；

（5）上口门套上方的留缝（～12mm）。

根据上述内容，一扇 810mm × 2032mm 的门所需的门洞开口尺寸为 874mm×2094mm。

一些固定的家具、设备，如药柜、储藏柜、壁柜和置物台等，也需要在墙上开洞。安装浴缸时，无论是直接放置在楼板上还是作楼板降板处理，其结构都会有特殊之处。此外，用于顶柜上方的吊顶，以及作为楼梯和楼梯井扶手的矮墙，都会有特殊的结构。

此外还需考虑内饰装潢，应确保在安装部分硬装修家具时，在墙体和顶棚搁栅结构上预装相应的背衬。有时墙骨间的背衬也需要辅助支撑荷载，例如支撑吊柜、固定墙体上的扶手支架以及窗帘轨道。施工过程中，施工人员必须考虑房屋所有图纸，以满足装饰的需求。

7.3.2 顶棚搁栅

1. 顶棚搁栅的布置

顶棚搁栅通常与楼板搁栅的布置方向一致，沿建筑长度方向横跨房屋。当屋盖结构为椽条时，顶棚搁栅用于支撑顶棚板内饰；当房屋跨度超出顶棚搁栅允许的跨度时，需安装承重墙或梁来支撑荷载，同时减小搁栅的净跨度。顶棚搁栅可在墙体或梁上方搭接或对接（图 7-20），也可以与梁平齐，并用搁栅托架固定（图 7-21）。顶棚搁栅的搭接尺寸在 100～300mm。对接时需加装加固板条，如使用尺寸为 130mm×300mm×12mm的 OSB 板，打胶后安装在 2 根搁栅的接头位置，并用 6 枚 60mm 长的钉子固定。

图 7-20　顶棚搁栅在梁上方连接

屋面的活荷载与静荷载会对外墙产生向外的推力；因此需要依靠顶棚搁栅与椽条及墙体顶梁板之间的坚固钉接来抵抗该作用力。此外，每对椽条都可以用椽条拉杆连接，当椽条拉杆长度超过 2.4m 时，必须对其加装永久性支撑。当屋脊板没有支撑时，《木结构工程施工质量验收规范》（GB 50206）的表 J-1 对其相关的钉连接要求作了详尽规定（至少 4 枚钉子，钉长最小 80mm），同时还需考虑房屋的宽度、椽条与顶棚搁栅的间距、屋面荷载以及屋面坡度等因素。

例如一栋长度为 9.8m 的房屋，屋面荷载为 2.0kPa，坡度 1∶2，此时：

如椽条和顶棚搁栅间距为 400mm→钉接椽条和搁栅需 5 枚 80mm 的钉子。

如椽条和顶棚搁栅间距为 600mm→钉接椽条和搁栅需 8 枚 80mm 的钉子。

顶棚搁栅相互搭接时，每个接头至少多用 1 枚钉子。

《木结构设计规范》（GB 50005—2003）表格 N.2.1 中有更多的钉连接要求。

图 7-21　顶棚搁栅在梁侧面连接

请务必注意，当顶棚搁栅在承重墙或梁上方搭接安装时，相对应的每对椽条在屋脊处也需要错位安装。该做法的优点是提供了椽条与屋脊板钉接时的钉接面，便于椽条的安装；缺点是在两侧墙体上画线时也需要错位，施工时需仔细辨别，否则就会引起混淆。

表 7-3 是连接构件对钉子长度和间距的规定。

钉子长度和间距的规定　　　　　　　　　　　　　　　　表 7-3

连接构件名称	最小钉长度（mm）	钉的最少数量
顶棚搁栅与墙体顶梁板斜向钉连接	80	2
屋盖椽条、桁架或搁栅与墙体顶梁板斜向钉连接	80	3
椽条与顶棚搁栅	100	2
椽条与搁栅（屋脊板有支座）	80	3
椽条与搁栅（屋脊板无支座）	*	*
两侧椽条在屋脊通过连接板连接，连接板与每根椽条的连接	60	4
椽条与屋脊板斜向钉连接或垂直钉连接	80	3
椽条连杆每端与椽条	80	3
椽条连杆侧向支撑与椽条连杆	60	2
短椽条与屋脊或屋骨椽条钉连接	80	2
椽条撑杆与椽条钉连接	80	3
椽条撑杆与承重墙斜向钉连接	80	2

2. 顶棚搁栅端部的处理

顶棚搁栅的端部上沿需要进行切割以配合椽条的坡度（图 7-22）。较好的做法是使顶棚搁栅端部的斜切口低于椽条上沿 6mm。对于坡度较大的四坡屋顶，端墙处最外侧的顶棚搁栅应替换为一片 40mm × 90mm 的规格材，平放并和端坡椽条的底部连接（图 7-23）；而对于缓坡的四坡屋顶，端墙上方不应安装（最后一根）顶棚搁栅，而应在倒数第二根顶棚搁栅上安装与椽条间距相同的短搁栅。转角处需要安装背衬板，以安装下方的石膏板。可用木工角尺来切割顶棚搁栅与短搁栅端部上沿的角度（图 7-24）。

图 7-22 顶棚搁栅被切角以配合椽条坡度

3. 顶棚搁栅支撑和检修孔

屋面检修孔通常位于顶棚板或山墙上。位于山墙上时，需要考虑建筑的造型和防水问题；而位于顶棚上时，则需考虑不破坏室内的美观。在加拿大，目前对检修孔的最小

图 7-23 顶棚搁栅相互搭接并与椽条连接

图 7-24 利用木工角尺切割顶棚搁栅的端部

尺寸要求是 500mm×700mm。当安装检修孔需切割一根以上的顶棚搁栅时，则开孔两侧的搁栅数量需加倍。检修孔位置的顶棚搁栅顶部到椽条底部的净空高度最小为 600mm。

为避免变形，顶棚搁栅需要安装搁栅支撑。支撑可为 20mm × 40mm 的木条，安装间距为 3m，并用 2 枚 60mm 长的钉子钉接到每根搁栅上，或使用强度更好的支撑条

（将40mm×90mm与40mm×140mm的规格材钉接拼成L形支撑条），安装间距同为3m，使用2枚80mm长的钉子钉接到每根搁栅上。

4. 顶棚搁栅的布置和安装

安装顶棚搁栅时，可选择在承重墙上相互搭接或相互对接。搭接时（图7-25a），檩条在屋脊上交错布置。首先应在每个墙体顶部画线，标出顶棚搁栅的安装位置；随后按照尺寸切割出正确长度的搁栅，并在两端上沿切割斜角，再将搁栅安装就位。随后应在搁栅跨度的中间位置临时铺设覆面板，以便在上方架起梯子或脚手架；最后依次安装屋脊板、椽条以及椽条拉杆；对接时（图7-25b），椽条在屋脊板上也应相对，安装步骤与搭接相同。

平行于端部墙体的直线

端部墙体

端部墙体

搭接的吊顶格栅

对接或对齐的吊顶格栅

(a)　　　　　　　　　　　(b)

图7-25　顶棚搁栅的安装

(a) 搭接；(b) 对接

7.4　屋　　顶

7.4.1　屋顶类型

屋顶建造效果的优劣对建筑整体影响极大，而且受气候气候条件的影响，对设计和施工人员的技术和态度要求较高。屋顶、屋面板和防水材料的选择，要充分考虑风力、降雪量、降雨量和频率等环境因素的影响。

屋顶按构件来分，可分为椽条屋顶系统和桁架屋顶系统。

屋顶按屋面数量来分，可分为单坡屋顶（一个屋面）、双坡屋顶（两个屋面）、复斜屋顶（四个屋面）、四坡屋顶（四个屋面）和曼莎屋顶（八个或九个屋面）等。

7.9-两种屋顶
形式

7.10-椽条系统

7.11-桁架系统

图 7-26　屋盖结构模型

7.4.2　屋顶术语

在屋顶术语中，椽条和顶棚搁栅均被视为线段且忽略木材断面尺寸。术语如下（图7-27）：

$$通用椽条长度 = \sqrt{(总高度^2) + (总宽度^2)} = \sqrt{(2500^2 + 1500^2)} = 2915$$

$$通用椽条长度 = 单位椽条长度 \times 总阶梯 = 291.5 \times 10 = 2915$$

图 7-27　屋顶术语与计算

（1）总跨度（5000mm）：木结构建筑外墙与外墙的距离。

（2）总宽度（2500mm）：通常为总跨度的一半，椽条从外墙至屋脊板中间的水平距离。

（3）总高度（1500mm）：椽条与顶梁板间的垂直距离。

（4）屋面坡度（1:1.5, 33.7°）：总高与总宽之比，有时用角度表示。

（5）单位宽度（250mm）：公制木工角度表示。

（6）单位高度（166.7=250÷1.5）：屋顶椽条在单位宽度为250mm条件下的上升高度。

（7）单位三角形：直角三角形，以单位宽度为底边，单位高度为高。

（8）单位长度（$\sqrt{166.7^2+250^2}=300.5$）：单位三角的斜边。

（9）理论线长度（$\sqrt{2500^2+1500^2}=2915$）：屋盖直角三角形的斜边，以总宽度为底，总高度为高。

（10）竖向切口：切割椽条时竖直方向的几个切口，包括与屋脊板的连接处、与墙体顶梁板连接的鸟嘴位置，以及挑檐的椽尾端部。

（11）横向切口：切割椽条时水平方向的几个切口，包括与墙体顶梁板连接的鸟嘴位置及椽尾端部。

（12）鸟嘴：椽条上由竖向与横向切割形成的槽口，以使椽条能够稳妥地安置在墙体的顶梁板上，需保证支撑座面长度最小为40mm。

（13）椽条主体：椽条覆盖建筑的部分。

（14）椽尾：椽条挑出建筑的部分。

图7-28是计算顶端实际高度的示意图。

图 7-28 计算屋脊板顶端的实际高度

7.4.3 椽条计算

计算椽条长度的方法有多种，其中最简单的方法之一即为使用同比例。建筑总高度与总宽度之比（屋顶大三角形）等于单位高与单位宽之比（单位三角形），其比值即为屋面坡度。因此，假设建筑的总跨度为 5000mm，坡度为 1：1.5，则：

$$\frac{总高}{2500}=\frac{1}{1.666}，\quad 总高=\frac{2500}{1.666}=1500$$

由勾股定理，可以得出：

$$椽条长度=\sqrt{1500^2+2500^2}=2915$$

或使用相似三角形定理，即单位直角三角形与屋顶大直角三角形相似；又根据勾股定理，即可得出：

$$单位长度=\sqrt{150^2+250^2}=291.5$$

$$\frac{线条长}{单位长度（291.5）}=\frac{总宽（2500）}{单位宽（250）}=10$$

故 线条长 $=10\times291.5=2915$

除上述方法外，还可采用大木工角尺。首先将 2 个角尺配套的定位扣分别在角尺长边上固定在单位宽度位置，并在角尺短边上固定在单位高度位置；随后使用该角尺依次连续在椽条上量出 10 个单位三角形并作记号。

以上三种方法都需按照如下的操作步骤（图 7-29）：

（1）作出材料在屋脊位置一端的竖向切割线①；

（2）测量或使用角尺连续量出椽条主体长度并作出标记③；

（3）作出鸟嘴的竖向切割线④及横向切割线⑤；

使用木工角尺测量并作出椽尾切割线⑦，即 305mm 减去结构封檐板的厚度 40mm，故为 265mm；

（4）在屋脊位置的一端，将屋脊切割线位置①向后移动半个屋脊板厚度至位置②；屋脊板厚度通常为 40mm，故移动距离为 20mm。

由于屋脊中央至建筑外墙为固定常数，故此法可用于任一粗面板或者屋脊木板的厚度计算。

图 7-29 切割椽条的工序
1—屋脊铅垂线；2—根据屋脊调整尺寸；
3—鸟嘴铅垂线；4—鸟嘴水平切割线；
5—望板切割线；6—封檐板切割线；
7—椽条跨度；8—挑檐长度

7.5 屋 顶 桁 架

屋顶桁架是坡屋顶建筑系统的核心构件之一，是单独的结构单元，可以依托桁架安装屋面和顶棚饰面。桁架往往需要在内力计算的基础上进行设计,可使用比顶棚搁栅和椽条更小截面尺寸的规格材,而做到更大的跨度(最大可达 30m),自重较轻、力学性能较好。此外,桁架的安装简便、构造简单、施工便捷、用时更短。更重要的是,桁架会将屋顶荷载全部传递到外墙体上,因而不需要有承重内隔墙。

7.12-桁架结构组成

7.5.1 桁架的加工

桁架由上弦杆、下弦杆和腹杆共同组成,一般用胶合板连接板或金属齿板进行固定和相互连接。桁架的各组成部分按受力情况分为受拉杆件或受压杆件。过长的受压腹杆,在受力的情况下可能会出现弯曲。加拿大国家建筑规范(National Building Code of Canada)规定,当受压腹杆长度超过 1.83m 时,必须添加侧向支撑。侧向支撑板的尺寸至少是 20mm×90mm(连续支撑),使用 2 枚 60mm 长的钉子钉接到每根受压腹杆。

7.5.2 桁架的设计

最常见的桁架形式是芬克式桁架或 W 形桁架。W 形桁架腹杆呈现字母 W 的样式,其中受拉腹杆与桁架顶部和下弦杆连接,而受压腹杆连接上、下弦杆(图 7-30)。房屋的总宽度即为桁架的总跨度,但并不包括外墙上 OSB 墙面板厚度或超出外墙的悬挑部分。受压腹杆在跨度的 1/4 处与上弦杆相接,同时受压和受拉腹杆与下弦杆在 1/3 跨度处相接。

使用桁架系统的建筑

图 7-30 W 形木桁架

7.5.3　桁架设计软件

当前，计算机软件在桁架设计方面应用广泛，而且品牌丰富，使用时需要按照其使用说明进行操作。一般需要设定风雪等活荷载的数据，同时输入屋面露台、屋顶和顶棚装饰的静荷载等数值，全面综合考虑各种荷载因素，从而通过计算确定每榀桁架的腹杆和弦杆的尺寸、数量和规格。软件还能设计桁架整体的支撑布置，以便使桁架安装完成后形成一个整体，具有更高的承载力。桁架系统优于屋盖椽条系统之处在于桁架利用工程原理，配合专用连接件充分发挥了木材的强度和受力特性。

7.5.4　桁架的计算与拼装

桁架计算一般按以下步骤：

（1）确定单位宽度：先用桁架的总跨度除以单位宽度（250mm）得出单位宽度的数量。

（2）确定单位高度：桁架单位高度的数量与单位宽度数量一致，单位高度的数量乘以单位高度（从坡度三角形可得出）即为屋架的跨中高度。

（3）放线预拼：在楼面板或其他平整面上放线，预拼出单榀桁架。应确保桁架总高在跨度中心位置。从桁架顶部向左右两个半跨端部分别画线或弹线，分别在上斜线对应1/4总跨处，下水平线对应1/3总跨处做标记。

（4）下料：根据屋面角度切割出上弦杆，放置在斜线的上方，下弦杆放在水平线的下方。切割好的受拉腹杆一端固定到桁架顶点，另一端在底边1/3跨度处与受压腹杆连接。受压腹杆与受拉腹杆在下弦杆相交，同时在1/4的总跨度处与上弦杆连接。

（5）拼装和制作：安装固定金属齿板或木连接板前，在上下弦杆间放置三角形木楔，加固上、下弦杆的连接，还可以增加连接板的连接面。应首先依设计切割出各杆件，至后将各杆件按照准确位置平放在拼装台上，并临时固定就位；随后将金属齿板放置在相应位置，最后用辊压机或液压机将齿板压至木构件中（图7-31、图7-32）。金属齿板的齿尖拥有强大的咬合力，可以保证杆件之间的可靠连接。

图 7-31　使用滚压机加工桁架

图 7-32　使用液压机加工桁架

由于三角形屋架斜角与屋面坡度的斜角相等，可以使用"相似三角形"算出跨中高度的尺寸。根据上面的例子，可以相应地算出桁架的各个尺寸：

$$\frac{总高度}{1/2\ 总跨度\ （1750）}=\frac{单位高度}{单位跨度}=\frac{125}{250}$$

$$总高度=\frac{单位高度×总跨度}{单位跨度}=\frac{125×1750}{250}=875$$

$$屋面直角三角形斜边=\sqrt{总高度^2+总跨度^2}=\sqrt{875^2+1750^2}=1956.6$$

计算上弦杆的长度时，需要考虑屋面挑出的部分。通常考虑到安装封檐板，计算上弦杆长度时会减少 40mm（为水平距离）。

四坡屋顶中间部分的桁架与山墙屋顶一样，但是屋面坡度在梁式桁架（由 2 片或 3 片木材制成）处改变方向，梁式桁架支撑着端部桁架和端坡桁架。梁式桁架下方墙体需要由 2～3 片组合墙骨柱直接承载，同时在楼面结构下方安装挡块直接落在地梁板上，从而将集中荷载连续地传递到基础。由于四坡屋顶向四个外墙面形成坡度，所以四面墙体都是承重墙。为顺利安装完成整个屋顶结构，需要在现场切割出刚好合适的端部挡块。如果现场有吊车，那么四坡屋顶的端部桁架通常在现场进行组装和斜撑，然后作为一个整体吊装到位。

7.5.5　桁架的安装

安装桁架是施工过程重要一环，在安装的过程中，需务必注意妥善吊装，避免桁架的连接节点受到破坏。正确方法是在每片上弦杆处用吊装带固定，再利用吊车起吊。桁架安装到位后，与顶梁板进行固定；将桁架与墙体、楼板和地面进行临时斜撑固定，再铺装屋面板（图 7-33）。

图 7-33　安装完成的桁架系统

不同风格的屋顶都有相对应的桁架设计方法。对于双坡屋顶，除了直接安装在端墙上的山墙桁架，其余的桁架都是相同的通用桁架。山墙桁架是被下方墙体支撑的，它没有斜向的腹杆，替代的是按 600mm 间距布置的竖向腹杆。为了方便安装及提供顶棚板饰面的背衬，可将一根 40mm×90mm 的规格材（如墙骨柱尺寸也为 40mm×90mm）垂直钉接到山墙桁架的下弦杆侧面，之后再与下方的顶梁板钉接固定。

7.13-桁架双坡屋顶

山墙桁架一般比通用桁架低一个上弦杆的宽度，如此设计是为了使山墙桁架上弦杆的上沿与通用桁架上弦杆的下沿平齐，以便于在山墙桁架上方安装挑檐支撑条。挑檐支撑条一般与通用桁架的上弦杆尺寸一样，通常为 40mm×90mm；需将其与第一榀通用桁架的上弦杆钉接固定，并一直延伸至外侧的封檐板位置，其长度则需考虑减去封檐板的厚度。

7.5.6 桁架的类型

桁架的类型有很多，外观轮廓及腹杆布置也不一样，内力分布不同（图 7-34），应根据工程的实际（如跨度、造型、屋面荷载、维修要求、构件自重等）进行选择。

中柱式
King-post

芬克式
Fink

豪威式
Howe

斜屋脊式
Hip

豪威剪刀式
Scissor Truss

平行弦杆式
Parallel Chord

图 7-34 屋顶桁架的种类

T 形或 L 形建筑中的交叉屋顶会形成屋谷（图 7-35）。屋谷（斜天沟）的建造有两种方式：

（1）设计并加工一系列小型桁架，之后在施工现场将小型桁架直接安装到主桁架上以形成屋谷，最后再安装屋面板。

（2）首先安装好主屋面的屋面板，再在其上弹线标出屋面相交线（两侧相交线应相等），并根据相交线切割并安装屋谷板（相交于 2 条相交线交点），注意屋谷板为配合主屋面坡度应切斜角；之后再安装屋脊板，其一端应坐在屋谷板上方，另一端应与通用桁架连接；随后在屋脊板两侧分别安装对称的短椽条，注意每隔一对椽条需安装一根拉杆。

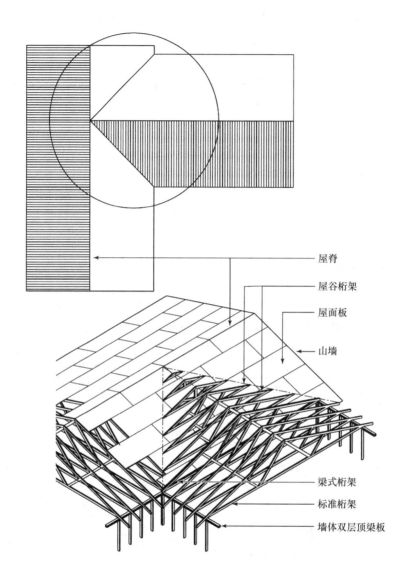

屋脊

屋谷桁架

屋面板

山墙

梁式桁架

标准桁架

墙体双层顶梁板

图 7-35　交叉屋顶的桁架连接详图

　　其他常用于住宅建筑的屋盖桁架还有剪刀式桁架和阁楼式桁架。当建造倾斜的顶棚时,应采用剪刀式桁架。通常顶棚的倾斜坡度是屋面坡度的一半。阁楼式桁架在阁楼内提供了较好的使用空间。应根据计算得出的荷载,确定下弦杆的合适尺寸,同时对通向阁楼的楼梯也有特别的规定。对于屋面坡度较陡的房子,一整榀的完整桁架的尺寸过大,不利于运输和安装。可以将桁架分成上下两部分进行加工,下方部分有一个平整的顶面。先安装下半部分桁架,再以 600mm 间距安装 40mm×90mm 的连续支撑,之后安装上半部分桁架,并与连续支撑进行固定。

7.6 双坡屋顶

双坡屋顶是由 2 个坡度相同的屋面相交在屋脊而组成的一种屋顶形式。由于这种屋顶只会用到通用椽条，因此建造较为方便。在施工时，首先完成第一根椽条的计算、标记与切割，再用它作为模板来制作其余的椽条。当第二根椽条切好后，将其与第一根椽条放在对应位置以确定是否满足安装要求。在进行计算之前应掌握屋顶结构的概念以及计算方法。建筑总宽度指的是建筑从一边到另一边的距离，包含墙面板。总宽度指的是房屋总跨度的一半减去屋脊板一半的厚度。

7.14-双坡椽条屋顶构件及安装

7.6.1 椽条的构成

通用椽条由几个不同的部分以及切口组成（图 7-36）。椽条主体部分从墙体延伸到屋脊板边缘，而椽条尾部就是房屋挑檐的部分。椽条在顶部屋脊板位置有一个竖向切口，在底部有一个贴合封檐板的竖向切口。有时檩条在尾部还有一条横向切口，这是为了保证椽尾端部与封檐板的尺寸相同。椽条在墙体上的安装位置会有一个包含竖向和横向切口的鸟嘴。鸟嘴的最小支座支撑长度为 40mm，但通常情况下最好保证横向切口在 50mm 以上，以确保支座长度满足要求。椽条鸟嘴的钉连接要求是一侧至少 2 根 80mm

图 7-36 屋顶椽条的组成部分

钉，另一侧至少1根80mm钉固定在墙体上，钉接方法均为斜钉。

7.6.2 橡条的切割

有许多种不同的专用软件都可以用来帮助计算橡条的尺寸。例如："RafterCalculator（橡条计算器）"，使用者只需输入建筑的尺寸与屋顶坡度，软件即会生成橡条的切割指导。

"Rafter Calculator"可在线使用，以下为网址：

http：//www. blocklayer. com/Roof/RafterEng. aspx

使用时首先在顶部选择计算类别和单位。对于不同的屋顶，例如双坡屋顶、四坡屋顶或只计算通用橡条都有相对应的选项。对于通用橡条，请选择"RaftersMetric"。

随后输入总宽度，在输入时需注意该数值应包含外墙墙面板厚度，但要减去屋脊板一半的厚度（图7-37）。

图 7-37　数据的输入

最后将表7-4中其他信息完善，包括屋面角度、挑檐长度、橡条尺寸（例如40mm×140mm就输入"140"）以及鸟嘴支座支撑长度要求。当所有信息都输入好以后，点击"Calculate"计算。

数据表格　　　　　　　　　　　　　　　　　　　　　表 7-4

Home	Hip Roof Metric	Gable Roof Metric	Skillion Roof Metric	Gambrel Metric	Rafters Metric	Soffit Drop	Bullnose Roof	Pitch to Angle	Measure Pitch	Square Tail Fascia	Rafter Templates
Directory	Imperial	Imperial	Imperial	Imperial	Imperial	Imperial	Imperial	Angles	Rise-Run	Bevel Gauge	

有时施工人员可能选择首先切割出橡条顶部与鸟嘴的切口，橡条尾部可以在安装好之后统一切割。这种做法可使屋顶檐口更加平直，在安装复杂屋顶时经常采用，非常有效（图7-38）。

当橡条安装好后，可首先在第一和最后一根橡条上标记出挑檐的长度。然后用粉斗或墨斗弹线，并在每一根橡条上标记，最后使用水平尺来作出尾部的竖向切割线。

7.6.3 屋顶构件

（1）屋脊板：屋脊板通常使用比橡条大一号尺寸的规格材，而安装时其上沿应与橡条上沿平齐，以方便屋面板的安装。屋脊板的总高度同样可以通过软件计算得出。在上第一步：在房屋的两边量一个水平距离与挑檐长度相同，并在椽条的底部边缘做好标记。

第二步：在房屋两边的椽条底部标记处水水平尺画出一条铅垂线。

第三步：从房屋一边的椽条到另一边的椽条拉一根直线但先不要弹线。

如果椽条的上端不是完全在一个高度上的话，粉斗或墨斗之前弹的线会导致切割后的椽条下口不一致。

第四步：以上面拉的这条直线为基准，在所有的椽条上面用水平尺画铅垂线。

图 7-38　椽尾的切割步骤

面的例子中，屋脊板总高度即为 1471mm。确定该高度后，即可切割并安装屋脊板两端的支撑了，该支撑的长度通常为墙体顶梁板上沿到屋脊板下沿的距离，也就是屋脊板总高度减去屋脊板宽度。

（2）挑檐：屋脊板两端的悬挑长度为建筑挑檐的长度减去封檐椽条的厚度。封檐椽条的不同之处在于：制作时既不需考虑屋脊板的厚度，也不需切割鸟嘴。其顶部直接对接并与屋脊板连接，底部则与封檐板连接。但仅有顶部与底部的连接并不足够，因此还需要挑檐支撑条来辅助支撑。挑檐支撑条放置于山墙上方（因此山墙会降低 90mm），通常使用 40mm×90mm 规格材，其一端与第二根椽条连接，另一端与封檐椽条连接（图 7-39）。

（3）山墙：在建造屋顶时，同时预制山墙墙体可加快建造速度。基本步骤是：首先将墙面板临时固定在屋盖搁栅上，随后弹线作出山墙的形状，其中最高点应对应房屋跨

图 7-39　2×4 挑檐支撑条

度的中点。山墙墙体由一根底梁板和两根带有坡度的顶梁板组成（图 7-40），其墙骨柱需和下方墙体的墙骨柱位置保持一致。每根墙骨柱的长度都应按相同的公差递增或递减。

图 7-40　山墙龙骨

山墙墙骨柱的长度公差很容易计算。假设屋顶坡度为 150/250（31°），龙骨间距为 400mm，则计算方法如下：公差(x)/400＝150/250；x＝(150×400)/250＝240mm。

图 7-41 是屋顶搁栅已完成的情况下安装椽条的步骤。

第一步：在吊顶搁栅上放置胶合板作为一个安全的工作平台。

第二步：把屋脊板放在工作平台上。

第三步：在屋脊板上固定两片椽条。

第四步：把屋脊板和椽条上升到对应的位置，然后固定鸟嘴。

第五步：如果需要的话可在屋脊板下临时固定两根柱子。

第六步：固定没边对应位置的椽条。

第七步：首先把屋脊板和一端的墙调平并把屋脊板固定在两边椽条的中间保证屋脊板的垂直度。

图 7-41　椽条的安装步骤

7.7　四坡屋顶

通常四坡屋顶有 4 个相同坡度的屋面，其中有 2 个相对的三角形屋面，2 个相对的梯形屋面。有些时候四坡屋顶的坡度并不相同，但相对的屋顶坡度是相同的。四坡屋顶中间部分的结构形式与双坡屋顶是一致的。

7.7.1　屋顶的构成

常规的四坡屋顶的中间部分和双坡屋顶是一致的。它由中间的一片屋脊板以及两侧间距为 300mm、400mm 或 600mm 的通用椽条组成。通用椽条指的是一端与屋脊板连接，另一端延伸到挑檐外侧的通长椽条。此外，一个四坡屋顶还包括脊椽，它是指两个屋面相交处的斜向通长椽条。最后是短椽，它是连接在脊椽两侧的屋顶构件。脊椽和屋脊板一样，它的尺寸需要

7.15-四坡椽条屋顶

比其他椽条的尺寸大一个规格。图 7-42 是四坡屋顶的构成。

④ 短椽
① 屋脊板
③ 脊椽   ② 通用椽条

图 7-42　四坡屋顶的构成

在屋顶平面图中，屋面坡度相同的四坡屋顶的脊椽与外墙呈 45°夹角，短椽也和脊椽形成 45°夹角。

7.7.2　椽条的切割

施工员可通过手算来确定屋顶椽条的尺寸，但使用电脑软件计算则更简单方便。在此，仍然可以使用前面介绍过的"RafterCalculator"。

该软件可以计算不同类型的屋顶，例如双坡屋顶、四坡屋顶或者通用椽条，都可在界面顶部选择。此外用户还可选择使用公制或英制单位计算。

对于脊椽，在切割鸟嘴的横向切口时应保证脊椽上沿可与其他椽条平齐。如果选择整体降低脊椽高度以使其上沿与其他椽条平齐，则用户应选择"Drop Hip（降低脊椽）"选项；而如用户选择在脊椽上沿切割斜角以配合屋顶坡度，则应选择"Chamfer Hip（切割脊椽斜角）"选项。

在确定屋脊板尺寸时，首先应根据建筑的跨度确定椽条和屋盖搁栅的尺寸，屋脊板和脊椽通常比通用椽条大一个规格即可。如通用椽条尺寸为 40mm×140mm，则屋脊板和脊椽的尺寸应为 40mm×185mm。

7.7.3　屋脊板

屋脊板应安装在建筑的正中间位置，以保证从屋脊板两侧到外墙的距离与屋脊板两端到外墙的距离是相等的。

在安装屋脊板时，施工员通常会先在两端各临时安装一根柱子。柱子可能之后会被移除，这取决于屋顶的结构形式。此外还需要一个水平的临时支撑来保证其稳定性与位置的准确。

如屋顶因跨度较大而需要额外支撑，则可选择以下几种方法：

（1）如果屋脊板下方正好有一道承重墙，则可选择使用该墙来支撑屋盖。

（2）使用顶棚中的梁支撑屋盖。

（3）将每一对椽条都与顶棚搁栅连接，以形成稳固的三角形支撑屋盖。

屋脊板的两端都应作直角切割，以尽可能简化四坡屋顶构件的切割与安装。

7.7.4　通用椽条

制作四坡屋顶通用椽条（图7-43）的方法与双坡屋顶是完全相同的。将软件中生成的尺寸转移到一片材料上，作为第一根模板椽条，最好选用平直的材料。

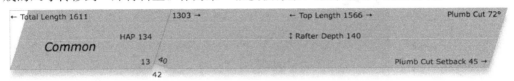

图7-43　通用椽条的尺寸

切割出模板椽条后，可将它放在其他材料上，描出切割线并进行切割。这样做的好处是可以确保所有椽条都是相同尺寸与相同角度的。

安装椽条时应首先安装通用椽条，随后再安装其他构件。

7.7.5　脊椽

制作脊椽（图7-44）比制作通用椽条难度更大。由于脊椽的跨度比通用椽条更大，因此它的坡度更缓，鸟嘴也会比通用椽条的更大，如此才能保证所有椽条的上沿能够平齐（图7-45）。

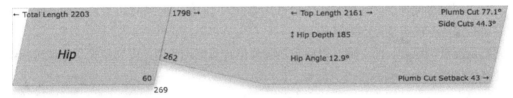

图7-44　脊椽的尺寸

为使脊椽能够与其两侧相邻的两根通用椽条良好贴合，需要在其一端切出两个45°斜角（图7-46），切口相交的位置即为脊椽端部的中心位置。

切割斜角时，需调整电圆锯的锯片角度。将圆锯前方的固定旋钮拧松，调整锯片到相应角度，拧紧旋钮，再分别切割两侧的斜角。

脊椽的长度是指其上沿的最长距离。

安装脊椽时，其上沿通常会略低于屋脊板。该处的高差需根据屋顶坡度来确定，合适的高度应能使脊椽上沿两侧与通用椽条上沿平齐。如果选择在脊椽上沿切割

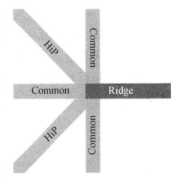

图7-45　脊椽顶部俯视图

斜角以配合屋面坡度，则两个斜角形成的尖顶应与屋脊板及通用椽条上沿平齐。

应在安装好通用椽条后再安装脊椽。脊椽的上端应使用不小于80mm的3枚钉子固

定；下端也应使用3枚不小于80mm的钉子固定在两堵外墙的转角上。下钉时应从脊椽两侧斜钉固定到外墙顶梁板上。

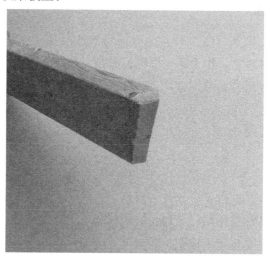

图 7-46 切出复合角

7.7.6 短椽 (图 7-65)

"Rafter Calculator"软件还可提供短椽的切割信息。脊椽的两侧各安装四根短椽。

在切割短椽的顶端时，同样需要把锯片调整到45°角。但只需切割顶端的一侧，也就是说短椽两侧的长度是不一样的。

随后测量短椽较长的一侧，以确定鸟嘴的位置与椽尾长度。安装短椽是四坡屋顶结构建造的最后一个步骤。

短椽在放置时的间距与通用椽条相同。假设通用椽条的间距为300mm，短椽的间距将保持一致。在墙体顶端确定短椽的位置相对较容易，但在脊椽上确定安装位置则相对困难。

软件会以最后一根通用椽条的位置为参照来显示短椽的位置。施工时应从该最后一根通用椽条开始测量，先在墙体顶梁板上标记安装位置；随后再从脊椽顶端开始测量，通过勾股定理可以算出短椽在脊椽上的准确位置。但实际操作时通常是先将一对短椽放在顶梁板上对应位置，当它们正好相对且高度与脊椽一致时，即表示短椽切割合理。此时便可用80mm钉子将短椽与脊椽钉接了。

复　习　题

1. 楼盖搁栅端部的最小支撑长度是多少？

A. 30mm   B. 40mm   C. 90mm   D. 100mm

2. 钉连接组合梁时，最大钉间距是多少？

A. 150mm   B. 400mm   C. 450mm   D. 600mm

3. 房屋宽度8m，用4片40mm×235mm的SPF（2级/3级）规格材制成的组合梁支撑2层楼板，最大允许跨度是多少？

    A. 2.05m   B. 2.11m   C. 2.36m   D. 3.13m

    4. 40mm×235mm 的 SPF（2 级/3 级）规格材，用作民宅的楼板搁栅，搁栅间距以 400mm 排列，此时最大允许跨度是多少？

    A. 3.63m   B. 4.63m   C. 5.12m   D. 5.64m

    5. 一组楼梯的总高度为 3.45m，共 18 个楼梯，每个台阶的单位高度和单位宽度是多少？

    A. 181.6mm，200mm   B. 181.6mm，250mm

    C. 191.7mm，200mm   D. 191.7mm，250mm

    6. 外墙用 OSB 板作覆面板时的钉连接规范是什么？

    A. 50mm 钉子，板边钉间距 100mm，板中钉间距 250mm

    B. 50mm 钉子，板边钉间距 150mm，板中钉间距 300mm

    C. 50mm 钉子，板边钉间距 300mm，板中钉间距 300mm

    D. 60mm 钉子，板边钉间距 150mm，板中钉间距 250mm

    7. 2 片 40mm×285mm 的 2 级 SPF 规格材组成的过梁，屋顶荷载 1kPa，支撑屋顶和一层楼板，建筑物宽度 12m，它的最大的跨度是多少？

    A. 1.69m   B. 1.85m   C. 1.96m   D. 2.15m

    8. 已知墙体龙骨高度 2307mm，过梁为 40mm×285mm，窗开口高度为 1.2m，则短柱的高度是多少？

    A. 652mm   B. 692mm   C. 742mm   D. 2022mm

    9. 为什么屋盖搁栅在建筑物宽度方向必须是连续的？

    A. 在安装顶棚板的石膏板时提供支撑   B. 防止墙体与椽条脱离

    C. 提供保温棉的安装空间   D. 抵抗侧向力

    10. 40mm×140mm 的 2 级规格材做屋盖搁栅（带有限的阁楼空间），搁栅间距 300mm，屋盖搁栅最大许可跨度是多少？

    A. 3.84m   B. 3.98m   C. 4.40m   D. 5.05m

    11. 以下哪种固定桁架的方法不可取？

    A. 将连接处放置了齿板的桁架通过滚压机

    B. 用液压机固定一侧齿板，然后再固定另外一侧

    C. 用钉锤将齿板钉入连接处

    D. 用液压机同时固定桁架两侧的齿板

    12. 桁架端部的最小搁置长度是多少？

    A. 40mm   B. 50mm   C. 75mm   D. 90mm

    13. 四坡屋面和双坡屋面的区别是什么？

    A. 屋面坡度的不同   B. 屋脊板的位置   C. 坡屋面数量   D. 屋脊的样式

    14. 如果屋面坡度用比值来设定，是以下哪个比值？

    A. 高度：宽度   B. 宽度：高度   C. 高度：1m   D. 宽度：1m

    15. 给定建筑物宽度 8m，屋面坡度 34°，通用椽条理论线长度是多少？

    A. 2666.7mm   B. 3980mm   C. 4783.4mm   D. 4825mm

    16. 假定建筑物宽度为 8m，屋顶坡度 34°，2×6 的椽条，搁置长度为 90mm，使用"椽条计

算器"确定椽条从墙顶到屋脊的垂直高度和水平长度各是多少?

  A. 168mm，2667mm   B. 108mm，2806mm

  C. 168mm，2835mm   D. 108mm，2667mm

  17. 上题中，屋脊板是 40mm×185mm 的，墙体顶端到屋脊板顶端的高度是多少?

  A. 2761mm   B. 2775mm   C. 2793mm   D. 2835mm

  18. 8m 宽建筑物，34°坡屋顶，屋脊板为 40mm×185mm，不包含悬挑长度，那么使用"椽条计算器"，屋脊椽条尺寸是多少?

  A. 5656.9mm   B. 6235.5mm   C. 6236mm   D. 7159.4mm

  19. 椽条尺寸和屋脊板尺寸之间的关系是什么?

  A. 屋脊板比椽条高 40mm   B. 屋脊板和椽条是相同尺寸的

  C. 没有关系   D. 屋脊板比椽条高 50mm

  20. 8m 宽的建筑物，34°坡屋面，使用"椽条计算器"确认的脊椽角度是多少?

134   A. 45°   B. 37°   C. 33.7°   D. 25.5°

教学单元 8

防水与外围护系统

　　防水是建筑设计中的一项重要内容，其重要性不亚于防火设计与结构设计。对木结构建筑而言，漏水会对建筑的结构造成毁灭性的损坏。

　　了解水来源于何处非常重要，因为只有如此，才能从源头寻找途径阻挡。从室外进入室内的水来源有很多，最主要的为雨水；由于水蒸气具有由高湿度区域向低湿度区域扩散的特性，因此室内外的湿度差也是水蒸气进入建筑的原因之一。此外，水的来源还包括融雪、地面积水和地下水。

　　提到木结构建筑的防水措施时应牢记四项关键原则，在做各项防水措施时，可以单独或者合并考虑这些原则：

8.1-防水原则

　　（1）阻挡：将水与建筑物阻隔开；

　　（2）排水：使进入建筑物的水能够排走；

　　（3）干燥：从设计上考虑建筑物可以自然干燥；

　　（4）耐久：使用耐久耐腐的材料。

　　建筑的外围护系统可设置多条防水的防线，不仅可为房屋提供更多保障，而且可避免因设计或施工的某项错误而产生漏水的危险，这个思路尤其适用于多雨地区。

　　防水的第一道防线也是最有效的措施，就是防止水进入建筑，但在建筑施工阶段及后期的使用阶段中，完全阻止水的进入是不现实的，因此需要采取措施将进入建筑的水排走。此外，建筑构件需在受潮后能够重新干燥，尽管干燥是一个相对缓慢的过程。虽然耐久性材料的使用也相当重要，且某些位置（例如地梁板）也强制使用，但耐久性材料对建筑耐久性的贡献是最小的。

　　在木结构建筑中，有四个重要位置需要重点进行防水处理，本书将对其逐个做详细阐述。它们包括：屋面、露台、墙体及门窗（如图 8-1 所示）。

图 8-1　四个防水关键位置

（*a*）屋面；（*b*）露台；（*c*）窗户；（*d*）外墙

8.1　屋　　面

8.1.1　屋面的防水处理

屋面上易积水的几个区域（图 8-2）包括：屋谷①、屋脊与斜脊②、缓坡屋顶③、屋顶边缘④、檐口⑤、屋面穿孔的周边⑥。

图 8-2　屋面上容易积水的几个区域

屋面一旦积水就可能产生渗漏，尤其在暴风雨或易生冰坝的极端气候条件下，屋面渗漏的可能性更高。在风险较大的区域，如缓坡屋顶③、檐口⑤、屋谷①与屋面穿孔的周边⑥都应铺设可防水的垫层。本书将逐一阐述这些区域的防水处理做法。

1. 屋谷

屋谷分为两种类型：开放式与闭合式。

开放式屋谷泛水板是暴露在外的。施工时应在安装瓦片之前，将预制的不锈钢屋谷泛水板安装于屋面防水层上。随后将瓦片铺装至屋谷位置切割，使屋谷成为开放的排水通道（图 8-3）。图 8-4 展示了开放式屋谷泛水板的细部。

闭合式屋谷的屋面材料是连续安装的，泛水板不暴露在外。瓦片在屋谷相交形成屋谷线，并覆盖屋谷成为排水通道（图 8-5）。闭合式屋谷依靠瓦片的密封砂浆和下方的防水层防水，如施工得当可借重力将水沿屋谷有效排离。图 8-6 展示了闭合式屋谷（又称交织式屋谷）的细部。

图 8-3　开放式屋谷泛水板

图 8-4　开放式屋谷泛水板细部

图 8-5　闭合式屋谷

图 8-6　闭合式屋谷细部

2. 屋脊与斜脊

在屋脊位置需使用脊瓦以达防水效果，脊瓦形式特殊，主要有两个作用：

1）防止雨水或融雪从屋脊渗入屋顶；

2）使屋顶更美观。

脊瓦在边缘位置会与下方瓦片打胶密封，以防在强风中受损。脊瓦的作用为保护屋脊与斜脊的接缝位置不渗水，因此其铺设时的搭接顺序应背向常见风向，以减少雨水在风驱动下渗入的可能性。

风向

图 8-7　脊瓦的搭接顺序应背向常见风向

3. 缓坡屋顶

与中坡屋顶（坡度 3：12～8：12）和陡坡屋顶（1：12～4：12）相比，缓坡屋顶更易产生渗漏也更易因强风受损，因此其防水处理也有所不同。具体做法取决于不同的屋面材料，如使用沥青瓦，则下方垫层需为防水材料而非阻水材料。此外，除需用钉子固定外还应使用胶粘剂加固。

总体来说，缓坡屋顶比中坡和陡坡屋顶的使用寿命更短，尤其在多雨和多雪地区。可考虑的另一项防水措施是减少屋面材料的接缝，例如可用与沥青瓦类似的卷材取代单片沥青瓦。

在缓坡屋顶（坡度小于 1：3 或者 4：12）上，防水材料需从檐口开始向上铺设至少 1m 以保护屋檐。为减少瓦片的外露部分，需做三层瓦片叠加，并在各层瓦片之间与瓦片和垫层之间都需用胶粘剂加固（见图 8-8）。缓坡屋顶的风险在于其檐口由于冰坝作用，更易积存雨水和融雪，从而引起渗漏。此外，其瓦片也更易被强风吹落。

图 8-8 缓坡屋顶瓦片安装示意图

与平屋顶和缓坡屋顶不同，中坡屋顶（坡度 4：12 到 8：12）和陡坡屋顶（坡度超过 8：12）的垫层只需使用阻水材料而非防水材料。由于坡度的增加，雨水或融雪更易在重力作用下排离屋面，也因为具有更强的防渗漏能力，中坡屋顶与陡坡屋顶在木结构建筑中的应用更加普遍。

中坡与陡坡屋顶的另一个优势是美观，很多设计师和购房者都更中意坡屋顶的建筑效果。屋顶檐口应安装金属檐口泛水板以引导水流入天沟，从而排离建筑。（见图 8-9）

图 8-9 屋顶檐口

4. 垫层

坡屋顶仍有可能发生水渗漏，因此需在安装屋面材料前铺设屋面垫层（图 8-10）

以提高防水性能。

图 8-10　铺设屋面垫层

垫层的主要功能包括以下几点：

1）使屋面在安装瓦片前不受潮；

2）使水在风驱动下进入瓦片缝隙后不会继续渗透；

3）在檐口形成冰坝时提供防水保护。

5. 檐口泛水板、天沟及落水管

图 8-11 展示了沿屋檐铺设的檐口泛水板，以及檐口泛水板的两种常见类型：

1）带悬挑檐口泛水板：一般与沥青瓦配合使用，其悬挑可支撑瓦片挑出屋面的部分，而底部的翻折可将水导离封檐板。

2）无悬挑檐口泛水板：一般与不需要支撑的金属屋面与水泥瓦配合使用。

有悬挑的带滴水沿的泛水板

有悬挑的带滴水沿的泛水板

安装在屋檐的带滴水沿的金属泛水板

图 8-11　金属檐口泛水板

在屋檐位置推荐使用包括天沟与落水管的有组织排水系统，以将水有效导离房屋基础并排入市政排水系统。该排水系统应与房屋基础周边的排水系统区分使用。天沟与落水管一般由金属或聚氯乙烯聚材料制成，通常在屋面与墙体饰面安装结束后安装。施工时使用紧固件、密封剂与各种弯头连接固定。

6. 烟囱与屋面交接位置

烟囱具有美观作用，但也会引起水与落叶的累积，从而导致水的渗漏。因此可使用泄水坡防止该问题出现。泄水坡为附加于烟囱后方的双坡结构，可将水导离烟囱区域。

图 8-12 屋檐有组织排水系统

图 8-13 屋顶结构施工阶段安装的泄水坡

8.1.2 屋面垫层

屋顶饰面可保护下方的结构免于雨水渗漏,而饰面材料下方为屋面垫层与结构覆面板,饰面材料通常固定在覆面板上。

屋面的缺陷是木结构建筑漏水的首要原因。缺陷的成因可能是材料质量问题,或是泛水板、屋面垫层以及密封剂等材料的施工问题,或是维护不当,例如未及时更换问题构件等。因此,保证屋面性能的良好可避免大多数的建筑渗漏问题。

由于铺设垫层材料仅需数个小时，因此是施工阶段保护建筑的快捷方法。建筑后期使用过程中，垫层可在屋顶饰面发生渗漏时，起到对结构的保护作用。

图 8-14　垫层

金属屋面的下方易形成冷凝水，因此垫层的重要功能为防止冷凝水的渗透。垫层完全覆盖屋顶覆面板，是在屋顶饰面下方的第二道阻水防线（见图 8-14）。

屋顶结构一旦完工就应开始铺设垫层材料，尤其应在内装工程开始之前，这样既能保证室内施工的干燥又能避免内饰材料的损坏。如果因保护不当而使结构受潮，日后可能会出现结构收缩与发霉问题。

屋面垫层在多风雨及寒冷地区非常重要，尤其是当屋面坡度小于 1：4 时。由于其重要的防水保护功能，大多数项目不考虑屋面坡度而在整个屋顶全面铺设。

1. 屋面垫层材料种类

垫层材料可分为阻水与防水两种类型，二者在防止渗水方面的性能完全不同。防水材料种类繁多，但一般都是由柔性或半柔性的改性沥青或橡胶沥青做基材，加入玻璃纤维或多元酯加固。

垫层材料一般为有机或合成的卷材，可由钉子、码钉或自带黏性固定。自粘材料背面有临时保护纸，安装时撕去即可。所有产品都需经过测试与认证。

图 8-15　阻水材料

（1）阻水材料的种类

阻水类材料（图 8-15）是最易铺设的一种屋面材料。图 8-16 展示了已安装的合成阻水材料。该材料耐久性比传统油毡更好，但价格更高。

该类产品厂商通常建议使用塑料垫圈与钉子配合固定，使其水密性能更好，尽管产

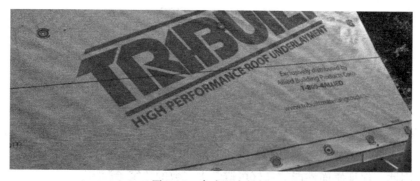

图 8-16　合成阻水材料

品本身不是完全防水。而固定油毡则一般使用较短的码钉，长度为 12mm 左右，只需随机选位打入即可。

（2）防水材料的种类

防水材料（图 8-17）是另一种常用屋面垫层材料。图 8-18 是成都的一个项目，使用的 3mm 防水卷材与 40mm 钉子固定，上下层材料搭接了至少 100mm。因为卷材表面很滑，在安装完成后屋面无法走人。

图 8-17 防水材料　　　　图 8-18 防水卷材安装

除可用钉子紧固，防水卷材也可用胶粘剂固定。最常用的方法为通过热熔（图 8-19）从卷材中释放胶粘剂后立即粘贴固定。缓坡屋顶需使用防水垫层材料，且安装时不应用钉固定。另一种防水材料为自粘性卷材，其背面有保护纸，施工时撕去即可铺装。

最常见的防水卷材有：SBS（改性沥青基）防水卷材、SEBS（氢化SBS）以及 APP（塑性体改性沥）青防水卷材。

2. 屋面垫层的安装

垫层材料需自下而上，从檐口位置开始铺装，可使用钉子、码钉及自带黏性固定。起始层的卷材边缘应置于檐口泛水板上。各层卷材应尽量连续铺设，直到屋面整体安装完毕（图8-20）。

图 8-19 热熔固定防水卷材

传统做法为仅在屋面边缘区域铺设垫层，但由于其较高的渗漏风险，如今的项目通常会选择整个屋面全部铺设。图 8-21 为易在暴风雨和冰坝等恶劣气候条件下发生漏水的区域，即屋面墙体交接处①、屋面穿孔②及屋谷位置③。

图 8-20　铺设屋面垫层　　　　　图 8-21　易发生漏水区域

8.1.3　屋面泛水处理

1. 屋面泛水处理概述

通常在两个构件或材料相交时，为增加接缝位置的防水性能，可做相应的泛水处理，例如屋面的烟囱与檐口区域。泛水材料可将饰面上的水引导至危险区域外，从而降低渗漏的可能性，因此泛水材料的耐久性应至少与饰面材料相同。

同理，墙体开洞区域也应做泛水处理，以将水导离高危区域，以免构件发生腐坏、褪色、腐蚀与生锈。施工时应对水在风力作用下会侧向或向上移动的情况做相应措施。泛水板在结构沉降稳定后应保留至少 5 度的向外坡度，接缝位置一般使用平锁扣（图 8-22）或搭接方式以防渗漏。此外，泛水板应做悬挑，以避免下方材料接触水或冰而受损。

最有效的泛水板接缝处理方法为立边咬合（图 8-23），同时在咬合位置打胶加固。泛水板下方通常会铺设防水层，以防接缝失效后发生渗漏。

平锁扣　　　　　　　　　　　　　　立边咬合

图 8-22　平锁扣　　　　　　　　　　图 8-23　立边咬合

屋面上的雨水会受风驱动向上移动。因此阶梯式泛水板在贴墙部分应有合适高度以防雨水渗入。

2. 需要泛水处理区域

凡两种外饰材料的横向交接位置均需做泛水处理，除非上方材料可搭接压盖下方材料。因此在屋面类似的交接区域就需谨慎对待，对照图 8-24 具体需做泛水处理的位置如下：

· 墙体屋面交接处①：外墙体与屋面饰面相交的位置；

· 檐口②：屋面的边缘，包括山墙与天沟；

· 屋谷③：两个屋面的相交位置；

· 屋面开孔处④：安装烟囱、排气管、通风器、天窗与导光筒的穿孔处。

图 8-24 需做泛水处理的位置

3. 屋面泛水板材料与类型

屋面泛水材料主要包括以下类型：预制的金属、聚氯乙烯树脂（PVC）、三元乙丙橡胶（EPDM）、沥青以及改性沥青基卷材等等。

金属泛水板最需注意接缝。由于金属的热胀冷缩率较大，所以接缝处应既可保证防水又允许位移。泛水板坡度与屋面坡度契合可大幅减少接缝处的漏水可能。

金属泛水材料有很多类型，每种材料有最小厚度要求以及优点与缺点，且应用范围也有所不同。常用的屋面泛水材料包括：预涂装的铝材、铜、304 号不锈钢、镀锌钢、改性沥青基、三元乙丙橡胶（EPDM）、聚氯乙烯卷材、加强型聚氯乙烯卷材、铅和镀铅铜。

屋面泛水板的类型包括过渡泛水板（图 8-25）、泛水盖板、阶梯泛水板（图 8-26）、导水泛水板（图 8-27、图 8-28）、檐口泛水板（图 8-29）以及屋谷泛水板（图 8-30）等。

图 8-25 过渡泛水板

图 8-26 阶梯泛水板

图 8-27 导水泛水板

图 8-28 抗紫外线塑料导水泛水板

(a)   (b)

图 8-29　檐口泛水板

(a) 带悬挑檐口；(b) 无悬挑檐口泛水板

金属屋谷泛

2层金属屋谷

图 8-30　金属屋谷泛水板

8.1.4　屋饰面

屋饰面是屋顶的主要阻水防线，通常安装在屋面垫层上方，且固定于结构覆面板。屋饰面材料类型众多，可根据不同气候条件选择。本节主要介绍三类屋饰面材料类型：沥青瓦、陶瓦以及金属屋面。

1. 沥青瓦的种类与安装

沥青瓦有三种主要类型：标准三凸头沥青瓦、多风格沥青瓦以及锁扣型沥青瓦。

8.2-屋顶饰面

图 8-31、图 8-32 所示为适用于中坡和陡坡屋顶的三凸头沥青瓦安装及紧固。瓦片铺装从檐口开始，第一道为起始条瓦片，应上下颠倒反装；第二道瓦片直接安装起始条上方。在小型屋面上，可从屋面一端开始铺装；而大型屋面则

需从中间开始向两端铺装。铺装时应每隔四至五道瓦片的距离就弹一条线以保证瓦片的平直度。

在固定瓦片时，每片瓦片都需至少四个钉子紧固到屋面上。

图 8-31　三凸头沥青瓦安装　　　　　　　图 8-32　三凸头沥青瓦紧固

瓦片固定所使用屋面钉，其材质为耐腐的镀锌钢或铝材，顶帽比普通结构钉大，钉身直径应至少为 3mm，且带有倒钩以提高紧固性能。钉长应至少为 38mm，以确保钉入覆面板 20mm。下钉时应垂直钉入瓦片，弯曲、过钉与不到位都会影响美观和紧固性能。如施工质量可靠也可使用码钉固定瓦片，但码钉在保证瓦片平直度与安装效果方面有所不及。

下钉位置如图 8-33 所示（凹槽上方和瓦片两端，需位于胶条以下）；如在强风地区，则需双倍用钉以确保瓦片的抗风揭性。

沥青瓦安装的最后工序是在屋脊处铺装脊瓦（图 8-34）。脊瓦可由标准瓦片制作，也可预制以匹配屋面瓦片的风格。安装脊瓦前，应弹线以确保平直。脊瓦用钉因要穿透多层瓦片，因此应比常规屋

图 8-33　三凸头沥青瓦下钉位置

面钉更长。脊瓦通常直接安装在屋脊结构上（图 8-35），但有时也会安装在屋脊通风上方（图 8-36）。连续的屋脊通风应压盖在屋脊的留缝上（图 8-37）。脊瓦的搭接顺序应背向盛行风向，以降低渗水风险。

图 8-34　脊瓦铺装　　　　　　　　　　图 8-35　脊瓦安装在屋脊上

图 8-36　脊瓦安装在通风上方　　　　图 8-37　屋脊通风压在屋脊留缝上

图 8-38　水泥瓦陶瓦的安装

部分多风格瓦片和锁扣瓦片的安装方法有所不同，此时应遵循建造商指定的方法。

2. 陶瓦的种类与安装

陶瓦主要类型包括传统的双片波形瓦（或称西班牙 S 型瓦）、单片波形瓦（也称桶瓦或和瓦）以及平瓦。

安装时首先应在屋面安装一层竖向的顺水条以利于排水，再安装一层横向的挂瓦条固定瓦片。顺水条应安装在屋面垫层材料上（图 8-38）。

水泥瓦与陶瓦的用钉更长，以穿透顺水条与挂瓦条而钉入 OSB 板。钉帽应大而平以分散作用力。由于混凝土瓦片的使用寿命较长，因此匹配的材料，如泛水板、垫层和紧固件也要应有相近的使用寿命。

3. 金属屋面瓦的种类与安装

金属屋面瓦有三种基本类型（图 8-39）：平板型、直立锁边型以及其他材料型（如仿陶瓦、仿木瓦、石瓦等）。

平板型金属屋面的安装与水泥瓦和陶瓦类似，金属屋面材料同样安装在挂瓦条上。挂瓦条尺寸可为 20mm×90mm 或 40mm×90mm，安装最大间距为 400mm，金属板接

(a)　　　　　　　　　　(b)　　　　　　　　　　(c)

图 8-39　三种金属屋面瓦类型

(a) 平板型；(b) 直立锁边型；(c) 仿陶瓦

头处下方需有挂瓦条支撑。此外，金属屋面也可直接固定在覆面板上（图 8-40）。

图 8-40　金属屋面直接固定在覆面板上

外露的金属屋面紧固件需防锈且应配有防水垫圈。如直接将金属屋面固定于覆面板上，则应使用胶合板代替 OSB 板，因为胶合板的握钉力更强。

图 8-41 所示为直立锁边型金属屋面的安装。与平板型类似，紧固件应防锈且带有防水垫圈，但在锁边位置上方有金属帽材覆盖。帽材使屋面更清爽且整体感更强，同时

图 8-41　直立锁边型金属屋面安装

可以有效降低漏水风险。在潮湿地区，金属板与垫层材料之间需充分通风，以避免金属板下方的冷凝水使金属锈蚀。金属板的厚度应依据雪荷载而定，厂商通常会提供产品厚度要求的信息。

金属屋面的最后一步工序也是安装脊瓦，常用的脊瓦材料有两种：预制脊瓦，式样与金属屋面的凹凸起伏相匹配。

8.2 阳 台

8.2.1 阳台的防水与通风

木结构建筑的阳台防水措施至关重要，尤其是在我国南方的多雨地区。阳台防水有三个要点：

(1) 耐久的防水层。木结构建筑中通常选择 SBS 防水卷材，而混凝土建筑中常用的防水涂料则并不适用，因为木结构建筑会发生稍许收缩与移动。

(2) 有组织排水。尽管水可以从阳台边缘自由流走，但应考虑如何控制与引导水排离建筑。

(3) 阳台表面下方应保持通风，尤其是在寒冷地区且阳台下方是生活空间的情况。

阳台一般可分为生活空间上方的阳台、不在生活空间上方的阳台以及不需防水的阳台。当阳台位于生活空间上方时，阳台一旦漏水就会产生很大的影响，因此须按照平屋顶标准来做防水处理。

阳台的设计应考虑几个主要方面：坡度、排水口、通风、高度差，防水层与扶手。坡度是排水的首要措施，也是设计的重要考虑因素。

8.2.2 阳台的防水层

1. 阳台防水层的重要性

阳台防水层（图 8-42）与屋面防水层功能相似，都是保护下方结构免受雨雪侵袭。阳台防水的基本设计原则包括几个重点：连续的防水层、排水设计、阳台与墙面的交接节点以及放坡设计。在铺设防水层之前，所有的排水要求都应考虑周全。排水口数量应与阳台面积成正比，每增加 10 平米的阳台面积，就应多配置一个排水口。排水口类型可选用置于阳台外侧的落水槽或内侧的地漏。

需注意的是仅使用排水管穿过阳台结

图 8-42 阳台防水层

构以作地漏之用是不符合要求的，合规的地漏应有宽大的翼边以贴合防水卷材达到水密效果。此外饰面材料也应与排水口结合考虑，例如落水槽就不适合做外露防水层的阳台排水口。

2. 阳台防水层设计原则

阳台设计的重要原则是必须将水导入排水口，因此在做防水层之前利用结构找坡是很常见的设计。如果防水层是外露的，则必须利用结构找坡，例如使用防腐木露台板作为地面饰面的情况（图 8-43）；而如果使用瓷砖饰面等类似情况（图 8-44），由于绝大多数水不会渗透至防水层，因此不需要做结构找坡的设计。

图 8-43　防腐木露台

图 8-44　瓷砖饰面露台

阳台的最终用途也对防水层的选用有影响。如果日后使用强度较大，则饰面就应更为耐久，例如使用瓷砖贴面配合不外露的防水层就可达到较好的耐久年限；而不常使用且常年背光的阳台区域则可使用更经济的选项，例如外露的防水层设计。通常来说居住空间上方的阳台都对耐久性的要求更高。

3. SBS 防水卷材的施工要求

SBS 防水卷材的施工准备包括以下几点：

（1）基层表面清洁且干燥，常见的基层为 OSB 板；

（2）女儿墙就位，且已在地面交接处做好 45°护角条；

（3）地漏已安装就位，如使用落水槽则应在女儿墙上做好开口。

（4）保证门槛高于结构完成面至少 100mm。如使用瓷砖饰面，则门槛应高于瓷砖完成面至少 100mm（图 8-45）。

（5）由于 SBS 防水卷材需要热熔安装，因此需注意保护呼吸纸不被烧到，同时应准备可随手取用的灭火器。最佳做法是先安装 SBS 防水卷材，再铺设阳台周边的呼吸纸。图 8-46 所示为呼吸纸在安装 SBS 防水卷材的过程中被严重损坏而不得不重新铺设。

（6）阳台的结构完成面应低于室内结构完成面，常见做法为门槛高于阳台结构完成面 100mm。

（7）如果室内结构完成面与阳台结构完成面平齐，则应加高门槛，高度至少为 150mm。阳台降板的多少也取决于饰面材料的选用。

图 8-45　门槛高于阳台完成面

图 8-46　重新安装破损呼吸纸

（8）女儿墙安装完成后，应沿其内侧安装一圈护角条，以方便随后 SBS 防水卷材在交接区域的铺设。护角条制作方便，使用结构材料切割即可（图 8-47）。

墙与露台的过渡利用护角条

图 8-47　护角条安装位置

SBS 防水卷材必须在图 8-48 所示区域安装，即阳台表面①；墙体②；阳台与墙体交接区域③；门洞④；柱体表面⑤；地漏⑥；落水槽⑦。

（1）阳台表面

SBS 防水卷材必须热熔铺设（图 8-49），因此施工前的计划与准备需考虑用火风险。例如涂料涂装施工就不应与 SBS 防水卷材安装同时进行。

SBS 防水卷材安装时，通常从阳台的一端起始，接头处应保证搭接的长度足够且完全黏合。现场应备有随手可取的灭火器以保证施工安全。

第一道卷材铺设时应确保其与下方结构的满粘，也就是要求施工人员应保证热熔温度足够。接头处需搭接 100mm，墙面上翻需 300mm。第一道卷材只需上翻到女儿墙的内侧即可，不需整体覆盖女儿墙，但必须覆盖地漏。

第二道卷材与第一道的铺设方法相近，也需在热熔后与第一道卷材满粘；且在保证

100mm 的搭接要求外，两道卷材的接头位置应错开至少 300mm。第二道卷材还应整体覆盖女儿墙并下翻到外墙面至少 150mm。

图 8-48　阳台 SBS 防水卷材安装区域　　图 8-49　SBS 防水卷材铺设

（2）墙体

SBS 防水卷材应整体覆盖女儿墙并下翻到外墙面上至少 150mm（图 8-50），但下翻部分不应热熔粘合以使呼吸纸随后可被安装在其下方。

（3）阳台与墙体交接区域

阳台防水层的施工有两个重要节点容易犯错，第一为阳台与外墙交接处，防水层不仅应上翻且应向外延伸铺设至少 300mm（图 8-51）；第二为随后安装呼吸纸时的搭接顺序，阳台防水层应压盖阳台下方的呼吸纸，而阳台上方的呼吸纸则应压盖防水层（图8-52）。

（4）门洞

阳台门洞的防水处理类似外窗，应在门槛上安装挡水条后用卷材覆盖门槛并在两侧上翻至墙面至少 150mm。如选用自粘卷材保护门槛，则应搭接下方 SBS 卷材至少 100mm。门槛防水处理完成后，应用上方的呼吸纸将其压盖以形成正搭接，

图 8-50　SBS 防水卷材下翻到外墙面

呼吸纸压在防水材料上
呼吸纸置于防水材料下
呼吸纸置于防水材料下
防水材料应上翻到墙体至少 300mm

图 8-51　防水材料上翻墙体至少 300mm

搭接长度为至少 150mm（图 8-53）。

呼吸纸压在防水材料上

呼吸纸置于防水材料下

图 8-52　呼吸纸置于防水材料下方

150mm

图 8-53　门洞防水卷材安装

（5）柱体表面

如在阳台上使用木质护栏立柱，通常的做法是在防水层施工结束后将其在阳台外侧固定。安装时女儿墙应有开槽与木柱相合，再使用螺栓紧固木柱。（注：此处木柱为栏杆立柱而非结构承重柱。）

金属护栏立柱可在外装表面上固定，而其通常也是在外饰面施工结束后再安装的。如果在外饰面施工前安装，则应在墙体与紧固位置之间安装呼吸纸。

（6）地漏

保证防水层与地漏的满粘非常重要，开孔时不需将卷材下翻至地漏内壁上，沿孔洞切割即可。两道卷材的处理方法相同（图 8-54）。

（7）落水槽

落水槽的防水处理要相对复杂，其周边应首先被防水附加层覆盖保护，底部应使用SBS防水卷材，两侧应使用自粘卷材。安装落水槽时应在其两侧下钉，随后再用卷材覆盖其内部。

在安装防水附加层时应确保靠下部分不与墙体粘合，以使呼吸纸可被压盖；自粘卷材也应侧翻至外墙面。最后落水槽的安装位置也应确保不影响外装施工（图 8-55）。

图 8-54　地漏处防水处理

图 8-55　落水槽防水处理

8.2.3　阳台的排水

1. 排水的重要性

阳台的排水性能至关重要，如排水受阻则可能会对阳台结构甚至主体造成巨大的破坏。这里主要论述如何管理阳台水分并让其顺畅的排走。任凭阳台水分随意流至下方的墙体上是不合理的，因此阳台的边缘处理很有必要，其原因总结为以下两条：1）即使使用泛水板，大量的水也会流至阳台下方的外墙表面，并引起向墙体内侧的渗透；2）无女儿墙的设计也会造成试水实验的困难，从而无法检测阳台的水密性。

有组织排水远胜于无组织排水。阳台排水口是阳台防水性能的重要保障，排水不畅可引起阳台饰面的腐烂，无法排走的积水可能会渗漏并破坏下方的居住空间。

2. 排水口类型

阳台排水口可选择地漏与墙体落水两种类型。地漏的排水方向通常先向下再向外，最终用排水管通过楼板结构导离外墙。选择地漏时应考虑几个方面：1）材料；2）口径；3）粘合。

地漏的选材应为防锈金属，以不锈钢最为常见，不需要特殊材料与工艺，厚度不低于 0.4mm。排水孔的内径应为 75mm（图 8-56）。

地漏四周的翼边长度应至少为 150mm，以保证与防水层的粘合效果；排水孔内径至少为 75mm。排水孔圆管与翼边的结合处应完全防水，因此焊接为唯一合理的接合方法。排水口的数量与阳台的面积成正比，通常每增加 10m² 的阳台面积就应增加一个排

图 8-56　地漏的内径及翼边长度

水口。一个阳台应设置至少两个排水口，可使用地漏与墙体落水两种类型。

3. 地漏的安装

安装地漏时应首先确定地漏的位置，由于应将水排离建筑，因此地漏应布置在阳台外侧（图 8-57）。开孔时应注意只可切割覆面板而非下方的搁栅结构，孔径应大于地漏管径至少 10mm，以允许地漏位置的调整。置入地漏后可在四周打钉固定，钉间距约75mm（图 8-58），端距至少 25mm，也可在翼边上预钻钉孔。

75mm

图 8-57　地漏安装在阳台外侧　　　　图 8-58　地漏钉间距

地漏安装好后即可开始防水层施工，此时有几个重点需注意：

（1）地漏上方需做两道防水卷材；

（2）随后做至少 24h 的试水实验；

（3）需保证防水层与地漏翼边的满粘；

（4）需将排水孔位置的卷材沿孔边切掉，而非切开下翻；

（5）两道卷材处理方式相同。

地漏会穿过下方的楼板结构，最终被排水管导出外墙。排水管的常用材料为 PVC，其与地漏的结合处可打胶密封，适用的胶应可兼容此处两种不同的材料。PVC 排水管的管头应正好与地漏管口卡紧（图 8-59）。

4. 墙体落水的安装

阳台排水口的第二种类型为墙体落水，通常是通过女儿墙上的开口将水排离建筑。

由于该类型排水不会通过主体结构，因此通常认为它的风险相对地漏更小。

与地漏相比，墙体落水管的管头需为 90°弯头，以将水向下排走；管径同样需要最少 75mm。制作墙体落水管的材料同样为防锈金属，翼边的宽度至少为 150mm（图 8-60）。

安装时先在女儿墙上定位，再在墙体底部开孔，孔径应大于管径至少 10mm 以方便安装（图 8-61）。放置好后即可同时在墙面与地面上下钉固定。下钉位置应靠外，钉间距 75mm，端距 25mm，也可预钻钉孔以方便安装。弯管的长度应大于外饰面的厚度，以确保不影响外装施工。

图 8-59　PVC 排水管与地漏管口卡紧

可使用落水管直接与墙体落水连接，也可在其下方配置雨水斗。如使用雨水斗，则会方便日后清理落水周遭的落叶与杂物。女儿墙开孔位置在安装完成后需用呼吸纸与自粘卷材做好保护。

图 8-60　防锈金属墙体落水

图 8-61　墙体落水管安装

安装的最后一步为 24h 试水实验，该实验应在保温层与内装工程开始前进行。水位高度至少 50mm，检查时应在下方室内观察有无漏水迹象。在我国北方地区冬季期间做该实验时，可考虑使用保温毯防止水冻结。

8.2.4　阳台饰面种类及安装

阳台饰面的两种类型：瓷砖露台（图 8-62）与木质露台（图 8-63）。

安装瓷砖时应注意完成面的高度不应超出女儿墙与门槛，而应低于门槛至少 100mm（图 8-64）。由于瓷砖完成面为主要排水层，因此应作为计算高差的基准。

阳台木饰面需使用人工或天然防腐木，紧固件也必须为镀锌钢或不锈钢，也有隐藏式紧固件可供选择。木饰面厚度最小为 20mm，无节材更美观但价格更高。选用涂料时，颜色越深耐久性越好。

图 8-62　瓷砖露台　　　　　　　　　　　图 8-63　木质露台

图 8-64　门槛高于瓷砖完成面 100mm

露台板通常平铺，阳台本身应已做结构找坡，因此完成面不需找坡。安装露台板前可对坡度做检测。为找平露台板完成面，可将龙骨底部切割出与排水坡度相符的角度，切割后最薄处厚度应至少为 30mm 以保证紧固效果。

龙骨间距通常为 400mm 或 600mm，20mm 的露台板一般使用 400mm 的龙骨间距。固定龙骨不可使用钉子，因其会破坏下方的防水层，如需要可打胶固定。露台板与龙骨之间可使用钉子或螺钉紧固，不锈钢螺钉较为常用。露台板之间应留有 3mm 缝隙以防止积水。此外板两端的下方应有龙骨支撑。

使用木饰面的阳台结构完成面应低于门槛 100mm，饰面完成面的标高取决于所选材料，但允许其与女儿墙或室内地面完成面齐平。图 8-65 所示的木饰面，防水层与门槛的高差为 100mm。

图 8-65　木饰面阳台防水层与门槛高差

8.3　窗　户

8.3.1　窗户的类型与材质

1. 窗户的功能与结构

窗户具有采光与阻隔风雨的作用。在炎热与寒冷的地区，窗户对建筑的节能性能与能耗成本有重要的影响。窗户也是有漏水隐患的重点区域，因此在设计与施工过程中都应对窗户谨慎对待。窗的类型与材料使用应符合地区的气候，以减少渗漏带来的隐患。

窗户的主要构件（图 8-66）包括窗框、窗扇、玻璃、窗台板与五金件（未展示）。窗框是窗外侧的框架，支撑内部的窗扇，固定于墙体结构的窗洞中。窗框的材质通常为木质、塑钢、金属、玻璃纤维与金属包木等。窗扇是玻璃四周的框架，固定于窗框上，选用材质通常与窗框相同。玻璃可选用单层、双层或三层。

每个双层或三层的玻璃即为一个中空单元，中空单元在四周边缘使用密封条与密封剂防止漏气。充惰性气体中空玻璃则在玻璃之间的真空层填充惰性气体（通常为氩气），以提升窗的保温性能。此外，节能窗的玻璃常使用低辐射（Low-E）镀膜技术，该技术是将仅为分子厚的金属涂层镀覆于外层玻璃的内侧，如此即可在允许外界光透过窗户的同时阻止热辐射波的穿透。

窗台板是窗下方的横向构件，通常延伸至墙体外侧并有向外坡度以将水分排离建筑。窗台板的底面常被切割出一条凹槽，称为滴水槽，其作用是防止水通过毛细作用流入建筑。窗户的五金件包括铰链、把手以及其他紧固件。安装窗户时，窗下方常使用木垫块来调节窗框的位置与水平。

窗框架

窗扇

玻璃单元(密封单元)

窗台

滴水边缘

图 8-66　窗户的主要构件

玻璃的厚度与材质取决于窗户的用途，大窗所用玻璃会相对较厚。不同规范可能要求某些情况下需使用防碎玻璃，例如推拉玻璃门、楼梯与浴缸附近的门窗通常都需使用防碎玻璃。

玻璃是窗户中最重要的构件，对窗的隔热性能（与隔声性能）有很大影响。隔热性能通常使用阻热值 RSI（与结构隔热性能值相同）或导热值 K 表示。窗玻璃的热传递形式通常为热辐射，其导热值随玻璃的加厚而减小。

导热值 K 通常在玻璃中心衡量，然而玻璃的四周边缘由于有间隔条与玻璃相接触，因此会大幅提高这些位置的导热值。由此可以看出，玻璃间隔条的材质相当重要。传统的铝条阻热性能较差，因此节能窗通常会使用阻热性能更佳的间隔条。在充入惰性气体的中空玻璃中，间隔条应同样被长期置于氩气中。此外，Low-E 低辐射镀膜技术也有不同类别，可按具体应用来选择以满足不同的阻热要求。

2. 窗户的类型

窗户的类型、设计与加工工艺决定了窗的隔热性能，然而窗的类型很多，以下为几个重点类型，其外观、性能与成本皆有所区别。

（1）固定窗

固定窗（图 8-67）包括窗框与固定的窗扇，不可开启通风。该类窗可与开启窗搭配使用。

图 8-67　固定窗

（2）平开窗

平开窗（图 8-68）包括了可开启窗扇，通常朝外开启；开启扇之间可设竖框（或不设）。该类窗可提供完全的通风功能。

图 8-68　平开窗

（3）上旋窗

上旋窗（图 8-69）与平开窗类似，但铰链位置位于窗顶部。该类窗也可提供完全的通风功能。

（4）下旋窗

下旋窗（图 8-70）也与平开窗类似，但铰链位于窗底部，且向内开启。该类窗也可提供完全的通风功能，如使用纱窗，则应将其安装于窗户外侧。

图 8-69　上旋窗　　　　　　　　　　图 8-70　下旋窗

（5）立转窗

立转窗（图 8-71）与平开窗类似，但其使用顶部和底部的转轴取代铰链。该类窗提供完全的通风功能，但无法搭配使用纱窗。

（6）横向推拉窗（图 8-72）

推拉窗包括两个窗扇，其中之一可横向推拉滑动（提供 50% 的通风）；也可包含三个窗扇，中间为固定扇，两侧为可推拉窗扇（位于不同轨道，提供 66% 的通风）。

图 8-71　立转窗　　　　　　　　　　图 8-72　横向推拉窗

（7）单提拉窗与双提拉窗（图 8-73）

双提拉窗包含两个可竖向移动的窗扇，窗扇可利用与窗框的摩擦或其他装置使其固定。单提拉窗的构造类似双提拉窗，但仅有一个可移动窗扇。该类窗可提供 50% 的通风功能。

固定窗的构造最为简单且成本最低，可提供无碍的视野且保证窗框内的完全气密，但该类型窗无通风功能；横向推拉窗与提拉窗成本稍高，可提供约 50% 的通风功能；而平开、上旋、下旋与立转窗成本更高，但可提供完全的通风功能，且此

图 8-73　单提拉窗与双提拉窗

几类窗的窗扇与窗框间可做到更好的密封性与更高的安全性（防闯入）。

上旋窗与平开窗的开启与闭合相对较容易，但开启后可阻挡行走路线，因此不应用于阳台与走道。立转窗的成本最高。

3. 窗户的材质

窗框与窗扇可使用不同材料制造，包括木材、铝合金、塑钢、其他金属与玻璃纤维。

（1）木窗

木窗因其良好的外观、结构强度、稳定性与隔热性，一贯以来被认为是优异的制窗材料，尤以其结构强度与隔热性最为出色。

木窗的弱点为其需要较多的后期维护（定期涂装）与可能出现的腐烂。此外木材也容易受到白蚁的破坏，因此白蚁高危区应使用药剂处理木窗构件。

（2）铝包木与塑钢包木窗

铝包木或塑钢包木（图8-74）可减少木材的维护与腐烂问题。窗户朝向户外一侧的铝材或塑钢可更好的抵御水分与阳光的威胁，但部分水分可通过水蒸气扩散作用而积累于窗框内部。

（3）塑钢窗

图 8-74　塑钢包木窗

塑钢窗（图8-75）的材质为聚氯乙烯，也就是PVC。由于塑钢窗价格低廉、经久耐用且很少需要维护，其使用普及度很高。早期塑钢窗存在的结构强度以及隔热性能的问题如今已被解决。

图 8-75　塑钢窗

塑钢窗的窗框较易在热量积聚的情况下出现扭曲与弯曲变形，因此其可承载的玻璃尺寸与重量都会有所限制。此外，由于塑钢的整体强度低于木材与金属，因此窗框也较易出现挠曲变形。

（4）金属窗

金属窗（图8-76），如铝合金窗因其价格低廉、经久耐用与低维护成本，成为最普遍使用的窗户类型。金属的窗框不仅重量轻，且不受阳光与雨水的影响。

金属窗最主要的缺点在于其隔热性能较差，由此而引起的热量流失、冷凝与结冰以及高能耗费用都为常见问题。改善的方法包括在窗框内部填充保温材料。

（5）玻璃纤维窗

玻璃纤维窗（图 8-77）为市场上较新的产品类型，其具备的优势包括：较强的隔热性能，高强度以及高稳定性。其外观还可以达到仿木效果，包括做出相同的木色与木纹，在做到更好耐久性的同时，价格却比木窗低廉不少。

图 8-76　金属窗　　　　　图 8-77　玻璃纤维窗

玻璃纤维窗与塑钢窗相比价格稍高，而由于其仍为市场新品，采购难度也相对较大。木质的窗框与窗扇比金属和塑钢拥有更好的隔热性能。使用断桥设计或在窗框中填充保温材料可提高窗户的隔热与隔声性能。而在大型塑钢窗中加入的金属加劲杆件则会降低隔热性能。木材、塑钢以及玻璃纤维的热传导性能较差，而金属的耐久性虽好但需使用断桥设计以降低热传导性能。

4.木窗的防水与排水

防雨水渗漏是木结构建筑用窗最重要的考虑因素，因为渗漏可引起严重的腐烂（图8-78）。渗漏可在几年内都不会出现，出现后也很有可能/不易被发觉。

图 8-78　渗漏引起的木窗腐烂

窗户本身的防渗漏性能以及可保持该性能的结构强度是非常关键的。窗下方也需要有排水通道使渗入窗户以及窗周边的水分顺畅排出，这也是防渗漏的第二道防线。良好的防渗漏性能可大幅减少窗下方的积水隐患，尤其在有较高风吹雨指数的地区。

窗户应在窗框中设计泄水系统，排水的通道应时刻保持畅通。窗框底部应有朝向室外的坡度，并应保持清洁。

8.3.2　带翼窗的安装

1. 带翼窗防水概述

窗洞是墙体中的防渗漏薄弱区域，因此窗户的性能就至关重要。同样，如何处理渗入窗户的水分也很关键，相似的原理也适用于外门。

打在窗上的雨水会沿玻璃流下，并在窗框底部区域汇聚；而由于材质的热胀冷缩或密封性能老化，部分水便会渗入窗框内部。一旦渗入窗框内部，水分便会进入墙体结构，很快就会造成结构与内外装饰的破坏。

防止窗渗漏有两个要点需要考虑。如果满足了这两点，即使窗户本身出现渗漏，周围的墙体结构也会保持干燥。概念虽简单，实际的操作会比较复杂。应将水阻挡于窗的顶部，通常一片上口泛水板就可满足该要求。

窗洞底部需要防水。如此即可保证即使有水从窗框底部渗出，也不会流入下方的墙体结构。

2. 带翼窗的安装

图 8-79　带翼窗结构

虽然防水的原则相同，但不同类型的窗户处理方式也不尽相同。窗户可分为两大类：安装于窗洞靠外一侧的带翼窗与装于靠内一侧的凹窗。

带翼窗是新建项目的最佳选项。其四周的安装翼便于施工时下钉，钉好后便无需使用其他紧固件。除安装翼之外，带翼窗还包括以下构件（图 8-79）：

1）窗框（窗的上下框与竖框的总称）；

2）窗上框（窗框顶部主要横向构件）；

3）窗竖框（窗框的主要竖向构件）；

4）窗扇（窗框内支撑玻璃的框架，可开启或固定）；

5）窗下框（窗框底部主要横向构件）。

带翼窗具体安装步骤（图 8-80）如下：

将呼吸纸平铺在墙上，然后在窗口开洞处沿45°切开。

两个顶角按45°切开呼吸纸，在底部沿水平切。底部切开160mm,顶部对角线切开170mm。拉开呼吸纸以便铺设自黏防水卷材。

以底角为中心铺上一块300mm×300mm的自黏防水卷材。

垂直切开自黏防水卷材并将其翻折下来粘贴到窗台开洞处。
备注：不要完全切到底。另一底角按此相同步骤处理。

另一底角按此相同步骤处理。

在两个底角各加一小块三角形自黏卷材对接缝处进行密封。
备注：小三角形材料尺寸约为50mm长、50mm宽。

沿窗台底边安装一条通长的自黏卷材，完成窗台防水。
备注：通常自黏卷材长度比窗台长300mm。

把呼吸纸折进窗台与自黏卷材搭接好。窗台另一面按此相同步骤处理。

把呼吸纸折进窗户另一面。

呼吸纸切口用胶带密封。

图 8-80　带翼窗安装步骤（一）

至此窗户防水已完成，可以安装带翼窗了。请注意：如果是凹窗安装，防水还需要额外几个步骤。

在安装翼底部切两个小三角凹槽，仅在窗户底部切，用来排水。

放置耐腐材料垫块，以使窗户安装完成后，下方留有缝隙。注意：宽度大的窗户需使用更多垫块。

仅在侧边和窗口开洞顶部打密封胶，底部用来排水，不要打胶。

将带安装翼的窗户安装入位。注意：窗户居中安装，确保其垂直度、水平度。使用热浸镀锌油毡钉固定窗户。

仅钉住侧边和底部的安装翼。顶部上部安装翼不用钉钉，在上部安装翼以上大约12mm处打钉并弯折扣住安装翼。

切一长条呼吸纸，长度等于上部呼吸纸切角之间的距离，从窗户边缘量起，大约为150mm。

呼吸纸必须为通长一条，搭接在窗户安装翼上。详见附图。

竖向搭接处用专用胶带密封。

安装窗线条。附图仅作培训示意。

图 8-80　带翼窗安装步骤（二）

166

安装泛水板，以及一条至少15mm的收边。注意：欲了解制作工艺，参见收边分册。泛水板需有5%的正坡度。

将泛水板钉在窗线条顶上。注意：泛水板钉子应该钉在上三分之一处。

呼吸纸下翻，两顶角切缝对角线处用胶带密封。

窗框和窗线条之间打密 封胶。注意：应可着色耐候胶，这样可以粘合大多数材料表面。

在窗线条周围和泛水板顶部安装顺水条和防虫网。挂板条应该至少离开泛水板折弯处25mm。

顺水条安装好后就可安装外墙挂板。本案例采用红雪松外挂板。

在红雪松外挂板和窗线条交接处打密封胶。注意：应该使用可着色耐候胶，这样可以粘合大多数材料表面。在泛水板和上方挂板交接处至少保证10mm留缝。

图 8-80　带翼窗安装步骤（三）

8.3.3　凹窗的安装

凹窗应配有下口泛水板或带坡度的窗台板，其构造除没有安装翼外，其他方面均与带翼窗相同。凹窗窗洞的防水处理与准备与带翼窗类似，本节会详述两者的区别之处。首要区别便是窗洞上口的防水保护。凹窗安装步骤（图 8-81）如下：

1）在窗洞下口做好防水层之后（做法与带翼窗相同），应使用 300mm×300mm 防水卷材对窗洞上口的两个转角也做防水处理（图 8-81a）。防水层同样需要延伸出窗洞外，随后在角落加贴三角形小块防水附加层（图 8-81b）。

2）之后应再使用两片 300mm×300mm 自粘卷材贴于转角相同位置，保护仍暴露的结构（图 8-81c、d）。

3）将一片呼吸纸安装于窗洞上口，两侧各超出窗洞 150mm，同时将洞口部分切割翻入（图 8-81e、f）。

4）在窗洞防水处理完毕后，就可以开始安装窗户。首先在窗洞下口放置垫块以抬升窗户，留出排水通道。由于没有安装翼，窗户应通过两侧的窗框与结构紧固。一些厂商会提供配套的特制五金件以方便安装。窗框下方仍需留出两个泄水孔以允许水排出（图 8-81g）。

5）凹窗的安装至此完毕（图 8-81h），随后可在窗四周安装窗线（图 8-81i）。

6）窗线安装完成后（图 8-81j），同样应在顶部窗线上方安装上口泛水板（图 8-81k）。

7）此时将窗洞上方上翻的呼吸纸折回（图 8-81l），并用呼吸纸胶带密封切口。随后再安装顺水条与防虫网以形成防雨幕墙（图 8-81m）。

8）图 8-81（n）展示了外饰窗台板的安装效果，应设有至少 10°的朝外坡度以利于排水。

300mm×300mm自粘卷材

(a)

使用三角形卷材密封窗角位置

(b)

加一片300mm×300mm卷材密封该区域

(c)

两个窗角各加一片

(d)

图 8-81 凹窗安装步骤（一）

加装一片呼吸纸两端各超出窗户150mm

(e)

切割呼吸纸，将其折入窗户口

(f)

用密封胶密封窗户四周缝隙，在下侧留出两个小口以便泄水

(g)

窗户安装完成

(h)

在窗户四周安装窗线

(i)

完成窗线

(j)

安装窗上口泛水板

(k)

图 8-81　凹窗安装步骤（二）

折回上口呼吸纸,
并用胶带密封切口

(l)

安装钉板条、防虫网与外挂板

(m)

窗台板做出10°向外坡度

(n)

图 8-81　凹窗安装步骤(三)

8.4　墙　体　外　装

8.4.1　防潮层概述

1. 防潮层的位置

墙体的重要排水面位于外饰面与结构覆面板之间(图 8-82),该表面由建筑的防潮层构成,例如呼吸纸。防潮层的另一个作用是防风,以避免墙体空腔中的保温层被风吹毁。容易进风的区域为建筑面风的转角与阁楼,保温层的破坏可导致严重的热量损失与

图 8-82　防潮层位置

冷凝现象。

呼吸纸与其他建筑用纸都为防潮层的选用材料，其有良好的挡水功能，铺设于结构覆面板外侧。

8.3-呼吸纸

2. 防潮层的功能与种类

防潮层的两个重要功能为挡水与防风，其材料分为可透气型与防水型。透气型允许水蒸气的穿透与流动，而防水型则会阻挡水蒸气的流动。

1）防潮层的类型：水蒸气透过型

水蒸气透过型的防潮层材料主要为三种：

饱和沥青毡（油毡纸）；

沥青浸渍纸（防潮纸）；

呼吸纸。

此类产品可阻挡并排走液态水，但允许墙体内的水蒸气蒸发与透过。水蒸气透过型防潮层经常被错用在横向或缓坡的平面上，这是完全不允许的。任何可形成积水的区域都不得使用该类产品，因此通常竖向的平面为唯一可使用的情况，其余情况应使用防水材料。

呼吸纸可受表面活性剂的影响而降低阻水性能。木材中的水溶成分如丹宁酸与木糖，亦或灰泥涂料中的清洁剂成分都属于表面活性剂。表面活性剂可大幅降低水的表面张力，使液态水更易穿透呼吸纸的微孔。因此一旦呼吸纸表面受潮，液态水即可渗入结构层。

灰泥涂料不可与塑料基的呼吸纸直接接触。虽然两者不会相互粘结，但会引起呼吸纸的排水功能降低，因此最佳做法是将两者利用防雨幕墙隔开。

总体而言，可有效抵御表面活性剂污染呼吸纸的做法即为使用防雨幕墙将呼吸纸与外饰面隔开。此外，木质外挂板在做第一遍涂料时涂装至挂板背面也可有效减少表面活性剂的影响。

2）防潮层类型：水蒸气不透过型（防水材料）

防水材料通常包括以下几种产品：

自粘卷材；

热熔型改性沥青防水卷材（SBS）；

涂膜材料。

用于外墙防潮层的该类产品厚度通常为1～1.5mm。使用水蒸气不透过型防潮层材料时，需谨慎考虑项目所在区域的气候条件，以避免结构内的水分无法排出。由于水蒸气无法透过，在寒冷气候与混合型气候地区应在室外一侧使用外保温材料以避免在结构内侧形成冷凝水。

（a）自粘卷材

自粘卷材的基材为带黏性的改性沥青，面层为聚乙烯，常用于窗户安装的防水处理。

（b）SBS防水卷材

SBS防水卷材在我国的普及度很高，其产品厚度多样，最薄可为1.5mm。根据建筑等级的不同，我国建筑规范明确规定了SBS防水卷材的使用道数。

8.4.2　呼吸纸的安装

8.4-正搭接

安装呼吸纸时（图8-83，图8-84）需要思考水的流向，主要流向为沿墙面向下，但在风的作用下也可以向侧面、甚至向上流动。因此所有接缝位置都需要合理的搭接长度。通常来说100～300mm的搭接长度是推荐做法，转角区域则应有150～900mm的搭接。搭接的原则是将水向室外引导，因此上层材料应覆盖下层材料，而不可反向搭接。

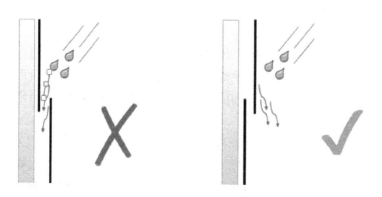

图8-83　呼吸纸正搭接

安装防潮层材料时，需要留意以下重点：

1）从最长的墙体起始，自下而上安装；

2）上层材料需要覆盖下层材料；

3）覆盖所有结构覆面板；

4）所有横向与竖向的接缝都需正确搭接，因为水由风驱动可向所有方向流动；

300mm搭接　　　　　　　　　　　　150mm搭接

图 8-84　墙体呼吸纸搭接尺寸要求

5）在门、窗及其他泛水处理的位置应与防水材料配合使用，保证水可向外排出；

6）应搭接所有泛水板；

7）密封所有外墙穿孔的位置，例如穿墙水管、风管以及外用电源插座等。

8.5-泛水板

防潮层材料通常由码钉固定，切口需使用配套胶带密封，而大多数情况下接缝则可以不使用胶带。如现场产生材料破损，则必须是用胶带修复。

1. 呼吸纸的安装：窗户

呼吸纸在墙体上安装完成后即可为窗洞做防水处理。首先将覆盖在窗洞上的呼吸纸斜向切开，并临时翻折，为随后的防水层做准备。防水处理完成后，可将呼吸纸翻回，并用配套胶带密封切口（图 8-85）。

图 8-85　窗户呼吸纸安装

2. 呼吸纸安装：阳台

防水层在阳台墙体上应上翻至少 300mm，随后应将墙体呼吸纸覆盖在防水层上方，搭接长度至少 150mm（图 8-86）。

3. 呼吸纸安装：墙体与屋面交接位置

屋顶结构完成后，应先在屋面与墙体的交接位置安装泛水板，再安装呼吸纸。呼吸纸应在上方搭接泛水板（图 8-87）。

并保证呼吸纸与SBS至少150mm的正搭接。

图 8-86　阳台呼吸纸安装

图 8-87　屋面与墙体交接位置安装呼吸纸

在建筑底部，外墙的呼吸纸必须搭接基础泛水板至少50mm。

在安装外饰面时，应注意在泛水板位置应留出至少50mm的缝隙，以让水分可顺利排出（图8-88）。

呼吸纸搭在泛水板上至少75mm,离开泛水板弯折面至少50mm。

50mm

图 8-88　外饰面呼吸纸与泛水板留出至少50mm的缝隙

4. 呼吸纸安装：穿管

穿管部位呼吸纸安装步骤如下（图8-89）：

（1）墙体穿管应保证超出墙体至少30mm。应在管道上方斜向切割呼吸纸，并将切割部分临时上翻（图8-89a）。

管道出墙至少30mm(根据外饰材料厚度调整)

在管道上部斜向切开呼吸纸，将其向上放开的150mm并临时固定

(a)

从管道底部开始安装防水卷材，卷材搭在管道上30mm,搭在墙面上75mm。

继续管道侧面的安装，保证自粘卷材与下面一片至少正搭接75mm。

(b)

顶部一片做完以后，第一层防水即完成。工法关键点是要保证全部正搭接。

铺一整大片自黏防水卷材盖住所有小片材料，必须保证和四周自粘防水卷材有150mm的正搭接。

(c)

图 8-89　墙体穿管位置呼吸纸安装步骤（一）

翻回呼吸纸，用呼吸纸专用胶带密封接缝。防雨幕墙
安装时需要在管道和外挂板之间的接缝上打胶。

(d)

图 8-89　墙体穿管位置呼吸纸安装步骤（二）

（2）随后使用自粘卷材对穿管进行防水处理，卷材在管壁部分的长度应至少为
30mm，在墙面部分则至少为 75mm。粘贴顺序为从底部至两侧至顶部，保证其正搭接
（图 8-89b）。

（3）再将一片大尺寸卷材覆盖在小片的上方，四周需压盖墙面至少 150mm（图 8-89c）。

（4）最后翻回上方的呼吸纸，并用配套胶带密封切口（图 8-89d）。

8.4.3　防雨幕墙

1. 防雨幕墙的构造

对防雨幕墙最简单的诠释就是建筑外饰面与主体结构之间的一道空隙。无论使用何
种外饰面材料，都可以同时使用防雨幕墙。

图 8-90 展示了防雨幕墙在墙体中的具体位置，其空隙的最小尺寸为 10mm；右则
图为无防雨幕墙的墙体构造。

Rainscreen　　　　　　　No Rainscreen
有防雨幕墙　　　　　　　无防雨幕墙

图 8-90　防雨幕墙位置示意图

防雨幕墙的构造并不复杂。第一个构件为呼吸纸，随后是金属泛水板；防锈防腐的
防虫网也是组成部分之一，其既可防止昆虫进入空腔中，又不会阻碍空气的流通。最后

176

就是形成空腔的钉板条，可用不同材料制作，但木质顺水条是最常见。

图 8-91 展示了防雨幕墙的完整构造。首先是墙体底部的泛水板，随后是整体铺设的呼吸纸；接下来是木质顺水条，安装时应将其钉入结构的墙骨柱，再安装防虫网。这里使用的外饰面为木挂板，将其钉入顺水条即可。

8.6-防雨幕墙

图 8-91 防雨幕墙构造

选择使用防雨幕墙是建造木结构建筑的最佳做法，无论选用何种外饰面材料。图 8-92 展示了已完成的防雨幕墙，下一步即可安装外饰面。

图 8-92 项目中已经完成的防雨幕墙

2. 防雨幕墙的功能与优势

防雨幕墙为主体结构与外饰面之间创造了一道空腔，该空腔可作为排水的通道，也可让空气流通，使建筑外侧保持整体干燥。防雨幕墙的主要优势包括：

（1）在雨水渗入外饰面之后提供第二道防线。虽然大部分水会从外饰面排走，但渗入其后方的水可从底部排走。

（2）可让墙体构件更快的干燥。外饰面淋雨后可同时从正面和背面两个方向干燥。

（3）通过水蒸气扩散进入外饰面的水分不会继续向结构内扩散。室内外湿度的差别可引起水蒸气扩散，进而进入墙体构件。而防雨幕墙阻止了这一隐患。

（4）为易漏水区域提供额外保护，这一点类似于第一点的作用。例如窗户易产生漏水，而防雨幕墙则可以大幅减少因漏水而造成的损失（如对结构和内饰面的破坏）。

3. 防雨幕墙的要求

我国还未出台针对木结构建筑防雨幕墙的规范要求。但上海的地方规范《轻型木结构建筑技术规程》DG/T J08-2059 中已包含了相关要求。

第 15.2.6 章节的规定：

上海市工程建设规范
轻型木结构建筑技术规程
Tectnicnl specihcation for wood
traro conrtnichcn
DG/TJ08-2059-2009
主编单位：上海现代建筑设计(集团)有限公司
批准部门：上海市城乡建设和交通委员会
施行日期：2009年9月1日

- 空腔厚度不小于 10mm；
- 防雨幕墙使用面积不小于外墙表面面积的70％；
- 应保证向外排水、通风；排水高度不宜高于二层楼高度；
- 施工时应注意墙体开洞及穿孔位置的防水处理，避免产生水渗漏进入空腔，例如窗洞的防水；
- 需保证防雨幕墙的底部留缝使水可排出；
- 需在各留缝位置做防虫处理。

4. 安装防雨幕墙

（1）墙体底部

8.7-防雨幕墙安装

首先在墙体底部为基础泛水板的安装位置弹线。若基础水平齐整，则可从基础量至泛水板上沿位置；若基础不够水平齐整，则需配合使用水平尺。弹线后即可安装基础泛水板，其贴墙部分高度≥75mm，钉入 OSB 覆面板即可。钉子材料为不锈钢或镀锌钢，钉头为大帽以扣紧泛水板。

下一步即可开始安装呼吸纸（图 8-93），底部应搭接基础泛水板。同理，其他所有泛水板都应以相同方式搭接，包括窗上口泛水板、腰线泛水板等。呼吸纸用码钉紧固，如在强风多发地区，则需更密集打钉，以防强风对呼吸纸产生破坏。

呼吸纸在压盖基础泛水板时，应至少离开泛水板底面25mm，以防止日后暴露于外饰面底部而影响美观。随后即可固定防虫网。如使用柔性纱网，切割宽度推荐200mm，将其固定在基础泛水板上方即可，此时可让纱网自然垂落，待顺水条安装之后再将其上翻（图 8-94）。柔性纱网安装时应保证可上翻至顺水条至少50mm。也可使用刚性型材制作的防虫网，型材厚度应与顺水条厚度相匹配，如顺水条厚度为10mm，则不得使用15mm厚的型材，材质要求为防锈。

防虫网固定之后即可安装顺水条。顺水条最小厚度为10mm，但推荐使用 15mm×38mm 防腐木，并钉入墙骨柱中至少35mm。顺水条底部必须高于泛水板底面至少25mm

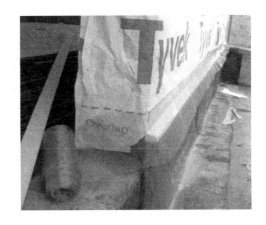

图 8-93　基础泛水板及呼吸纸安装　　　　　图 8-94　防虫网安装

（图 8-95）。墙体阳角（图 8-96）的顺水条排布应更加密集，但各根之间应留出缝隙，以便于水分干燥。

图 8-95　顺水条底与泛水板底部间隙　　　　图 8-96　墙体阳角顺水条排布

（2）墙体屋面交接处

墙体与屋面的交接处为重要的防水节点。呼吸纸与防虫网均应高于泛水板底面至少50mm，以避免暴露在外饰面的下方（图 8-97）。

图 8-97　呼吸纸、防虫网高于泛水板底部

随后可安装顺水条，同样应离开泛水板底面至少 50mm（图 8-98）。

（3）墙体屋面交接处（斜向交接）

斜向交接的屋面与墙体除了保持防虫网与顺水条 50mm 的离开距离，还应在靠近

图 8-98　顺水条距离泛水板底面至少 50mm

交接处增加较短的木条作为外饰面的背衬（图 8-99），尤其是在使用木挂板时。背衬条不需钉入墙骨柱，长度通常为 300mm。不应使用横向木条作为背衬，因其会完全阻隔排水与通风，从而抵消防雨幕墙的作用。

在靠近交接处增加短木条作为外饰面的背衬

图 8-99　增加短木头作为外饰面背衬

（4）紧固件

防雨幕墙的紧固件应选用镀锌钢，主要原因包括以下两点：

1）由于防雨幕墙紧贴外饰面，因此很有可能受潮，因此紧固件必须耐锈；

2）由于防雨幕墙本身材质为防腐木，其所含防腐剂可与铁质材料发生化学反应，因此需使用镀锌涂层保护。

钉子应穿透墙骨柱至少 35mm，因此如顺水条厚度为 15mm，则所需钉长应至少为 50mm。

（5）外饰面

外饰面为防雨幕墙安装的最后一步，其底部应与基础泛水板之间留出至少 10mm 的缝隙以利排水与通风见图 8-100。

外墙饰面的产品选项众多，主要分为挂板与砌体两大类型。常见的材料包括以下几种：

1）木挂板（横向与竖向）；

2）聚氯乙烯挂板（横向）；

3）水泥纤维挂板或大板；

8.8-墙体外饰面

图 8-100　外饰面与基础泛水板之间间隙至少 10mm

4）砌体（砖或石材）；

5）灰泥涂料。

复 习 题

1. 以下哪项最贴切地描述了防水阻挡原则？

A. 通过设计和施工防止水进入

B. 水一旦进入建筑，则通过正确的设计使水被排走

C. 利用设计使墙体通过空气流通而干燥

D. 使用防水材料

2. 木结构建筑需要防水的首要原因是什么？

A. 确保房屋的美观 　　　　　　　　B. 为居住者提供安全的居住环境

C. 保证房屋结构的完整性 　　　　　D. 防止地下水渗入建筑

3. 防止漏水的最有效措施是什么：

A. 一旦组件受潮，可使其自然干燥 　　B. 在所有的重要位置使用耐久性材料

C. 阻止水进入建筑外围护系统 　　　　D. 确保室外景观可使水流走

4. 水进入建筑物最常见的因素组合是？

A. 风吹动雨水至外墙面 　　　　　　B. 融雪

C. 冰坝 　　　　　　　　　　　　　D. 地下水和冷凝水

5. 木结构建筑最需要防水处理的四个重点区域是？

A. 窗户、阳台、门和基础 　　　　　B. 门廊、屋面、窗户和门

C. 天窗、烟囱、通风口和窗户 　　　D. 屋面、墙体、露台和窗户

6. 关于屋面垫层的哪个说法是正确的？

A. 安装在屋面覆面板下方 　　　　　B. 安装在屋面覆面材料上方

C. 安装在屋顶的周边 　　　　　　　D. 仅适用于寒冷多雪地区

7. 增大屋面坡度对排水量和排水速度有什么影响？

A. 无影响 　　　　　　　　　　　　B. 排水量和排水速度都会增加

C. 排水量增加，排水速度减少　　　　　D. 排水速度增加，排水量减少

8. 防水垫层材料的三种主要类型中的一种：

A. 沥青基防水卷材　　　　　　　　　B. 挂瓦条和防尘膜

C. 双层油毡纸　　　　　　　　　　　D. 带砾石沥青基防水卷材

9. 平屋顶与坡屋顶相比，哪项说法正确？

A. 平屋顶的排水能力不及坡屋顶　　　B. 平屋顶施工比坡屋顶简单

C. 平屋顶的通风效果好于坡屋顶　　　D. 平屋顶的后期维护要求小于坡屋顶

10. 安装屋面泛水材料时要考虑什么？

A. 美观　　　　　　　　　　　　　　B. 出于环保而选择再生材料

C. 需用胶粘剂粘合而不应用钉子固定　D. 使用寿命与周边材料相匹配

11. 导水泛水板的主要功能是什么？

A. 将渗入外饰面的水经防雨幕墙排走

B. 引导屋面的水流入天沟，以使其远离相邻墙体

C. 引导屋面的水从墙面流下，防止屋檐滴水

D. 防止水从基础泛水板的上表面渗入墙体

12. 最常用的三种屋面材料是：

A. 沥青瓦、金属屋面和水泥/陶土瓦

B. 沥青瓦、水泥瓦与SBS卷材

C. 多风格沥青瓦、标准沥青瓦与锁扣型沥青瓦

D. 直立锁边型金属屋面、合成瓦片与沥青瓦

13. 以下哪一项不能列为阳台的一种类型？

A. 生活空间上方的阳台　　　　　　　B. 不在生活空间上方的阳台

C. 不防水的阳台　　　　　　　　　　D. 室内阳台

14. 阳台排水的最小坡度是？

A. 1.0%　　　　　　　　　　　　　　B. 1.5%

C. 2.0%　　　　　　　　　　　　　　D. 2.5%

15. 以下关于阳台施工的说法哪项正确？

A. 所有阳台都需要使用结构找坡来排水

B. 可使用防水涂料作为阳台防水层

C. 阳台表面下方不能有空气流通

D. SBS防水卷材与玻璃纤维卷材为常见阳台防水层材料

16. 如使用SBS卷材作为防水层，配合木质露台板为外饰面，则门槛到防水层的最小高差是多少？

A. 50mm　　　　　　　　　　　　　　B. 75mm

C. 100mm　　　　　　　　　　　　　D. 120mm

17. 阳台排水口的两种类型是什么？

A. 地漏与落水槽　　　　　　　　　　B. 地漏与墙体落水

C. 落水槽与雨水斗　　　　　　　　　D. 女儿墙落水与地漏

18. SBS卷材与瓷砖饰面配合使用时，以下哪些条件是不需要的？

A. OSB 覆面板必须是干燥的

B. 必须安装女儿墙与护角条

C. 必须使用结构找坡，坡度至少为 2%

D. 阳台周边的呼吸纸应在 SBS 卷材施工结束后安装

19. 阳台地漏的翼边长度最小为多少？

A. 50mm

B. 75mm

C. 120mm

D. 150mm

20. 木结构建筑中最常发生渗漏的区域是什么？

A. 屋顶

B. 窗户

C. 墙体

D. 阳台

21. 窗户安装翼的主要作用是什么？

A. 方便打钉

B. 防水

C. 美观

D. 气密

22. 自粘卷材的主要作用是什么？

A. 防空气流动

B. 控制水与水蒸气

C. 防热量流动

D. 保护结构不受损

23. 以下哪种防潮层材料为水蒸气不透过型？

A. 饱和沥青毡

B. SBS 卷材

C. 沥青浸渍纸

D. 杜邦特卫强呼吸纸

24. 以下哪种关于沥青浸渍纸的说法不正确？

A. 比沥青毡更轻且更便宜

B. 使用时两层之间的小空气层可有利于水分干燥

C. 比沥青毡更易折叠，且在转角处更易安装

D. 即使在极端潮湿的情况下也不会腐烂

25. 以下哪个特点不符合呼吸纸？

A. 允许水蒸气通过

B. 阻挡液态水

C. 是建筑阻水的第二道防线

D. 是完全防水的

26. 呼吸纸横向接缝的最小搭接长度是多少？

A. 125mm

B. 150mm

C. 175mm

D. 200mm

27. 安装呼吸纸的最佳时间节点是什么？

A. 门窗安装完成后

B. 覆面板安装之前

C. 所有结构墙体安装完成

D. 任何时间都可以

28. 防雨幕墙空腔的最小厚度是多少？

A. 无最小厚度要求

B. 5mm

C. 10mm

D. 12mm

29. 安装防雨幕墙的第一步是什么？

A. 安装防潮层

B. 安装防虫网

C. 安装泛水板

D. 安装顺水条

30. 以下哪个选项不适合用于防雨幕墙？

A. 使用顺水条

B. 使用塑料网丝产品

C. 使用岩棉板

D. 使用金属卡扣

附录1　复习题参考答案

教学单元2

1	D	2	B	3	C	4	A	5	C	6	C	7	A	8	D	9	C	10	C
11	C	12	C	13	A	14	A	15	B	16	A	17	B	18	D	19	B	20	C

教学单元3

1	C	2	D	3	D	4	A	5	B	6	B	7	B	8	D	9	A	10	B
11	B	12	A	13	D	14	D	15	B	16	C	17	B	18	C	19	B	20	B

教学单元4

1	D	2	B	3	C	4	C	5	A	6	C	7	D	8	B	9	B	10	D
11	A	12	C	13	B	14	A	15	D	16	C	17	C	18	D	19	B	20	B

教学单元5

1	C	2	D	3	C	4	A	5	B	6	A	7	A	8	A	9	C	10	A

教学单元6

1	C	2	D	3	A	4	A	5	B	6	B	7	C	8	D	9	B	10	C

教学单元7

1	B	2	C	3	C	4	B	5	D	6	B	7	C	8	C	9	B	10	A
11	C	12	D	13	C	14	A	15	D	16	B	17	C	18	C	19	D	20	D

教学单元8

1	A	2	B	3	C	4	A	5	D	6	B	7	B	8	A	9	A	10	D
11	B	12	A	13	D	14	C	15	D	16	C	17	A	18	C	19	D	20	D
21	A	22	B	23	D	24	D	25	D	26	B	27	C	28	C	29	A	30	C

附录 2　加拿大木业协会简介

加拿大木业协会是由加拿大联邦政府、不列颠哥伦比亚省、魁北克省政府以及加拿大林产工业界共同出资组织的一家全球性非营利性机构。

加拿大木业协会在中国设有上海、北京和成都办事处；全球总部位于加拿大温哥华，并设有日本、韩国和欧洲办公室。我们致力于在中国推广加拿大软木和硬木产品及成熟的现代木结构建筑技术，帮助中国木制品和木结构行业茁壮成长。

此外，加拿大木业协会还与中国的相关政府部门密切合作，包括住房和城乡建设部及有关地区住房和城乡建设厅、河北省政府、公安消防局以及上海市建设和管理委员会等。加拿大木业协会还与中国林业科学研究院、同济大学等一些科研学术机构与院校进行科研方面的相关合作。

我们提供的服务：

一、培训

针对木结构行业从业人员如：建造商、设计师、工程师、开发商、建筑师等，为全脱产培训。课程分为两种：《现代轻型木结构施工入门培训》和《轻型木结构设计师培训》。课程由加拿大和中方木结构建筑专家授课。

二、技术支持

1. 设计咨询服务

这是加拿大木业协会的全新服务项目。对于使用加拿大木材设计的木结构工程项目，我们会根据每个项目的不同需求与情况，由我们专业的设计团队为您提供免费木结构建筑设计上的帮助。

2. 现场施工技术支持服务

我们为采用加拿大木材的轻型和重型木结构项目提供现场施工技术支持服务。加拿大木业协会拥有强大的施工技术团队，可以在您的工程现场为您提供解决各种工程技术难题的意见，并向您提供完整的现场报告，帮助施工单位找出问题、解决问题。

三、木结构建筑服务中心

加拿大木业协会为广大木结构爱好者和从业者提供木结构/产品的相关资料。资料内容包括协会最新动态讯息、木产品介绍、项目介绍和技术资料，例如：《施工指南》。

四、行业研讨会和展会

加拿大木业协会每年均会参与行业研讨会和展会，交流最新木结构技术，木产品信息，提高人们对于木结构/产品的认知度和接受度，推动中国木结构技术发展。

五、示范项目共享

加拿大木业协会现已在中国有多个木结构示范项目，采用加拿大轻型木结构技术以及加拿大进口规格材，既有商业建筑，也有民用建筑。例如：河北省建筑科技研发区、成都青白江小学、平改坡项目等。

六、组织代表团赴海外考察

1. 开发商考察团

加拿大木业协会已连续数年组织国内的有关开发商、建造商赴加拿大与日本考察木结构建筑的发展情况。

2. 媒体考察团

行业媒体海外考察活动是加拿大木业协会主办，邀请以建筑、建材、房地产等相关行业媒体为主的媒体代表，包括平面媒体与电视媒体，赴加拿大或日本进行为期一周的现代木结构建筑项目实地考察活动。

七、推荐行业单位

我们为您提供在中国可信赖，质量可靠的木结构建造商和木材供应商名录。

官方网站：www.canadawood.cn

电话：上海：021-50301126；北京：010-59151255